블로그, 경북 여행과 통하다

파워블로거들의 재치만점 맛 이야기

블로그, 경북 여행과 통하다

초판 1쇄 | 2010년 11월 4일

지은이 | 배준현, 김규진, 전문양, 이명우, 이해성, 한선희, 김성은,
　　　　이영주, 김홍일, 박미숙, 이동환, 김봉애, 양은희, 황교익

발행인 | 유철상

책임편집 | 유철상
글 · 사진 | 배준현, 김규진, 전문양, 이명우, 이해성, 한선희, 김성은,
　　　　　이영주, 김홍일, 박미숙, 이동환, 김봉애, 양은희, 황교익
디자인 | eve
교정 · 교열 | 임지선

펴낸 곳 | 상상출판
주소 | 서울시 동대문구 용두동 787 동의보감타워 1628호
구입 · 내용 문의 | 전화 070-8886-9892~3 팩스 02-963-9892
등록 | 2009년 9월 22일(제305-2010-02호)
찍은곳 | 미래프린팅(주)

※ 가격은 뒤표지에 있습니다.

ISBN 978-89-963244-9-2(13980)

블로그, 경북 여행과 통하다

배준현 외 지음

상상출판

콘텐츠산업이 정보화사회의 핵심 산업으로 자리매김해가고 있으며 대중을 열광하게 하는 강한 영감과 창조의 가치가 중시되고 있습니다. 특히, 미래에는 창조적인 가치와 감성이 담긴 콘텐츠가 더욱 중요해질 것입니다. 그러므로 고정관념을 탈피하고 변화하는 시대적 가치에 따라 역사와 문화, 전통, 자연이 다양한 콘텐츠로 가공되어야 합니다.

경상북도는 신라문화 · 유교문화 · 가야문화 등 찬란한 역사와 전통문화를 간직한 관광자원의 보고입니다. 또한 세계문화유산을 포함하여 우리나라 유형문화재의 20%가량을 보유하고 있습니다.

이러한 우수한 자원을 홍보 및 활용할 수 있기를 희망하는 마음으로 '제1회 경북 블로그 대회'를 열었습니다. 우리의 일상생활에서 쉽게 지나칠 수 있는 '경북의 맛'을 주소재로 하여 지역의 풍경 · 인물 · 춤 · 문화유산 · 생활 등과 함께 표현하는 블로그 포스팅이 파급효과를 불러일으켜 경북관광의 앞날을 밝게 비춰주었으면 합니다.

경북의 맛은 널리 알려지지 않은 게 현실입니다. 실험적인 도전

정신으로 시작한 블로그 대회가 경상북도의 장소 방문 중심에서 벗어나 체험관광 또는 스토리텔링 관광으로 거듭나는 계기가 되기를 바랍니다. 이런 매체의 다양화가 경상북도의 관광경쟁력 강화를 위한 브랜드스토리 구축 및 관광자원화에 큰 역할을 할 것으로 기대됩니다.

사이버 입담꾼들의 흥미진진하고 맛깔난 여행기와 사진 등을 모은 『블로그』 한 권이면 관광객들에게 '흥미'와 '즐길 거리'가 있는 경상북도 여행을 선사하리라 봅니다.

끝으로, 이번 '제1회 경북 블로그 대회'에 응모해주신 많은 블로거들과 주옥같은 작품들을 선별하여 주신 심사위원 여러분께 감사드리고, 본 공모전을 맡아 수고하신 (재)경북테크노파크 관계자의 노고에도 깊이 감사를 드립니다.

2010년 10월

경상북도지사 김관용

:: 인사말

급속히 변화하는 시대적 흐름에 따라 쌍방향 커뮤니케이션 전략이 필요한 시점입니다. 자유롭게 의사소통을 할 수 있는 블로그는 이제 단순한 문화현상을 넘어 시대적 조류로 자리 잡고 있습니다. 경상북도 콘텐츠의 세계화 및 관광산업 경쟁력을 확보하기 위해서 이를 반영한 마케팅전략과 스토리텔링 기법을 적용하면 어떨까요?

본 공모전은 문화관광 자원화 및 관광상품 개발 촉진에 기여할 수 있는 관광콘텐츠 발굴을 목표로 기획되었습니다. 쉽게 지나칠 수 있는 경북의 맛을 주 소재로 한 '살맛 나는 경상북도 미담(味談)' 입니다.

마음이 담긴 글과 사진이 담긴 블로그에 대한 국내외 이용자가 급증하고 있는 추세이고 다양한 분야에서 마케팅에 활용되고 있습니다. 이번 대상 작품의 하루 평균 방문자 수를 확인해 보면 1000건이 넘는 조회기록을 보유하고 있는 것으로 보아 블로그 대회를 통한 파급효과는 엄청나리라 기대합니다.

올해로 1회를 맞은 블로그 대회는 '전국에서 찾고 싶은 경북의 맛' 을 발굴하기 위해 대중들의 접근이 용이한 블로그를 도입했다는 점에서 신개념 공모전이라는 평가를 받았습니다. 스토리텔링 작업의 일환으로 기획되어 6월 14일부터 8월 30일까지 약 80여 일간 경북의 맛 블로그 98건이 접수됐으며 이를 기반으로 본 여행집이 선보이게 되었습니다.

공모전 기획 당시 특정한 이야기가 있는 블로거들의 블로그 포스팅을 모아 또 다른 경상북도의 콘텐츠로 탄생할 수 있기를 기대하는 마음으로 출발하였습니다. 다양한 분야와 '맛'을 결합시킨 신개념 관광콘텐츠가 탄생하여, 많은 블로거들과 관광객들이 경상북도 맛 여행에 동참할 수 있기를 희망해 봅니다.

참여해주신 많은 분들에게 감사를 드립니다. 본 사업을 주관할 수 있도록 여러 가지로 도와주신 경상북도와, '경북 블로그 여행' 발굴에 애써주신 여러 심사위원님들에게 감사드립니다. 끝으로, 이 '경북 블로그 여행' 제작을 위해 적극 협조해주신 각 수상자들에게 진심으로 축하와 감사의 말씀을 전합니다.

2010년 10월

경북테크노파크 원장 장래웅

오늘날 세계는 급속히 마이크로미디어의 시대로 접어들고 있습니다. 마이크로미디어란 텔레비전 방송이나 신문 등과 같은 매스미디어와 대비되는 개념으로, 홈페이지나 블로그 등과 같이 한 개인이 생산하는 사진, 글, 동영상 등을 소셜네트워크를 통해 불특정 다수에게 전달하는 것을 말합니다.

문예 동인지, 학급신문 등 과거에도 마이크로미디어가 전혀 없었던 것은 아니지만 그 영향력이 주변의 몇몇 사람들에게만 미치는 등 시공간적 한계를 가지고 있었습니다.

그러나 인터넷이 등장한 이후 개인이 별다른 비용을 들이지 않고 홈페이지 등을 통해 시공간적 한계를 쉽게 뛰어넘을 수 있게 되었습니다. 이러한 흐름은 트위터, 페이스북 등 소셜네트워크서비스가 전 세계적으로 유행하면서 가속화하고 있습니다.

마이크로미디어인 블로그나 미니홈피 등에 기사를 생산한 후 본인이 구축한 소셜네트워크를 통해 시공간을 공유하지 않는 불특정 다수에게 정보를 전달하려는 시도가 시대의 대세로 굳어지고 있는 것입니다.

게다가 인터넷 공간에서는 매스미디어가 많은 비용을 들여서 생산한 기사와 한 개인이 블로그에 올린 글이 정보를 찾아 나선 개인에게 거의 동일한 가치를 갖습니다. 물론 매스미디어가 앞으로도 하나의 기준 역할을 할 가능성은 있지만 정보의 흐름에서 마이크로미디어의 지배를 피할 수는 없을 것입니다.

이런 즈음에 '제1회 경북 블로그 대회'가 열리고 짧은 응모기간에도 불구하고 많은 네티즌이 호응해 준 것은 여러모로 시사하는 바가 많습니다. 단 한 편의 글만을 응모해 주신 분도 있고 많은 글을 응모해 주신 분도 있었지만, 어느 쪽이든 대회를 향한 열기만큼은 정말로 뜨거웠다고 느꼈습니다.

본래 음식은 직접 만들어 먹지 않는 한 다른 사람 말을 듣고 먹는 법입니다. 특히 여행지의 맛집들은 더욱더 그렇습니다. 일일이 음식을 찾아다니면서 수고하고 이를 공유하는 분들이 없다면 우리는 낯선 곳에서 갈 곳을 몰라 한없이 망설이게 될 것입니다. 그런 만큼 맛에 대한 글들은, 음식에 대한 정보가 누구나 납득할 수 있도록 객관적이면서도 자신만의 느낌이 잘 살아 있어서, 다른 곳에서는 쉽게 찾아볼 수 없는 독특함과 고유함이 있어야 합니다.

이번 대회의 수상작들은 심사위원들이 나누어 글과 사진의 저작성을 살피고 글쓴이의 개성과 평소의 활동성을 감안하여 결론을 내린 것입니다. 이 대회에 참여한 글들을 한 곳에 엮어 경북의 블로그 맛 지도가 만들어진다면 더욱 가치 있는 일이 될 것입니다. 수상한 분들께는 축하의 박수를, 탈락한 분들에게는 깊은 위로의 말씀을 드립니다.

2010년 10월

심사위원장 (주)민음사 대표 장은수

::차 례

울진대게
탱글한 게살 맛의 지존
초대 블로거 _ 황교익

울진에서 대게잡이 배가 들어오는 곳은 죽변항과 후포항이다.
그중에서도 죽변항에 몰린다.
대게잡이는 밤새 이뤄지며 아침이 되면 대게를 싣고 항구로 들어온다.

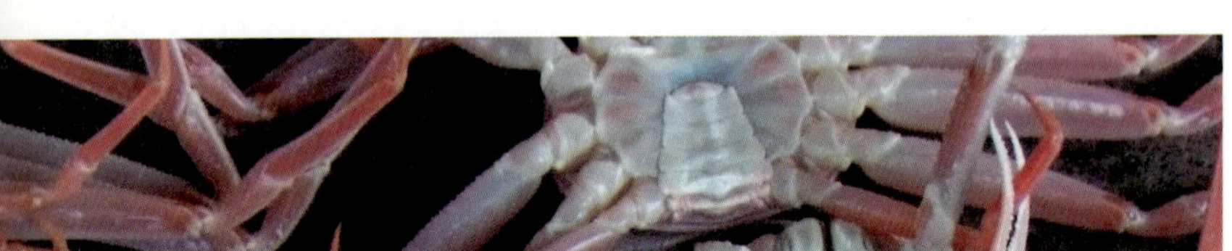

대게의 '대'는 대나무이다. 다리가 대나무 비슷하다 하여 붙은 이름
이다. 영어로는 스노 크랩(Snow crab)이라 한다. 살이 눈처럼 하얗
다고 하여 붙은 이름이다.

북태평양의 수심 200~800미터에서 산다. 우리나라에서는 동해안
전역에서 자란다. 금어기가 끝나는 초겨울부터 대게를 잡지만 늦겨
울과 이른 봄에 살이 더 단단하고 달다.

울진대게냐 영덕대게냐

대게 앞에는 보통 '영덕-'이 붙는다. 예전 교통이 발달하지 않았을
때 동해안의 대게가 영덕에 집산했다가 내륙으로 이송되어 그리 이
름 붙은 것이라 한다. 영덕 아래의 포항, 그 위인 울진, 삼척, 동해,
강릉, 양양, 속초, 고성 등지에서도 대게는 잡힌다.

이 중에 대게가 가장 많이 잡히는 곳은 울진이다. 하여, 울진에서는 '영덕대게' 라는 말보다 '울진대게' 라 부르는 것이 더 맞다고 주장한다. 그러나 대게가 잡히는 바다를 영덕바다/울진바다 식으로 딱 자를 수가 없다. 맛으로 보자면 울진 것이나 영덕 것이나 같다.

바다 속의 산, 왕돌초에서 잡힌다

대게가 특히 울진에서 많이 잡히는 까닭은 울진 앞바다에 왕돌초라는 거대한 암초가 있어 여기에 대게가 집중적으로 서식하기 때문이다. 왕돌초는 울진 후포항에서 동쪽으로 23km 떨어진 곳에 있는데, 동서 21km, 남북으로 54km 정도 되는 암초이다. 쉽게 생각해서, 바다 속의 산이라고 여기면 된다.
3개의 봉우리가 솟아 있으며 수심이 가장 얕은 곳은 5m 정도이고

울진의 7번 국도변에 있는 대게 조형물. 쇠붙이로 만들었다.

바깥쪽 깊은 곳은 500~600m 정도이다. 이 왕돌초 근처에서 대게잡이가 이루어지는데 영덕의 배도, 울진의 배도 이곳에 와서 잡는다. 그 중에 울진의 배가 대게를 더 많이 잡아오는 것이다.

8년 이상 자라야 먹을 수 있다

대게는 수컷과 암컷의 몸 크기가 현저하게 차이 난다. 수컷은 등딱지(체장) 길이가 13센티미터 정도 될 때까지 자라지만 암컷은 7센티미터 조금 넘길 뿐이다.

암컷은 몸이 찐빵만하다 하여 빵게라고 부른다. 또 암컷은 자원 보존을 위하여 잡을 수가 없다. 따라서 우리가 먹는 대게는 수컷이다. 수컷은 15년 이상 사는 것으로 알려져 있다. 수컷도 등딱지 길이가 9센티미터 이상 되어야 잡을 수 있는데, 이 정도의 것이면 8년 정도 자란 것이라 한다.

대게는 같은 그물에 올라온 것이라 해도 때깔에 조금씩 차이가 있다. 보통 황금색, 은백색, 분홍색, 홍색 등 네 종류로 구분한다. 색깔이 짙을수록 살이 단단하고 맛있다고 하는데, 황금색이 도는 것을 특별히 참대게 또는 박달대게라 부르고 최상급으로 취급한다.

크다고 맛있는 것은 아니다

울진에서 대게잡이 배가 들어오는 곳은 죽변항과 후포항이다. 그 중에서도 죽변항에 몰린다. 대게잡이는 밤새 이뤄지며 아침이 되면 대게를 싣고 항구로 들어온다.

경매는 9시부터 시작하여 11시쯤에 끝난다. 대게를 배에서 내려 경매장 바닥에 부리고, 즉석에서 분류한다. 먼저 가격이 안 나가는 '물게'를 골라 뒤로 제쳐놓고 크기별로 나눈다('물게'는 속에 물이

죽변항 공판장에서 대게들이 경매를 기다리고 있다. 아침 9시부터 시작한다.

찬 대게로, 찌면 살이 적고 물러 맛이 없다.). 상인들의 호가와 경락이 순식간에 이루어지며 대게는 수레에 실려서 시장과 식당 등지로 흩어진다.

이 자리에서 소비자와 직접 거래가 이루어지기도 한다. 경락가격에서 크게 이윤 붙이지 않고 넘기므로 소비자들은 싸고 싱싱한 대게를 살 수 있는 기회이다. 경매장 옆에는 이 대게를 쪄서 포장해주는 가게도 있다.

죽변항의 어부와 상인들은 대게의 맛이 크기에 달려 있지 않다고 말한다. 살이 얼마나 단단하게 찼는가가 더 중요하단다. 실제로, 아주 큰 대게도 '물게'라며 경매에 붙이지 않기도 한다. 같은 크기라면 '물게'와 살이 제대로 찬 대게의 가격 차이는 4~5배가 난다.

어부들은 보는 것만으로 '물게'를 구별하였으나 일반인들은 이의 차이를 쉽게 알 수가 없다. 어부들이 판단하는 방법은 대게의 배 부분을 보는 것이다. 배의 색깔이 짙을수록 살이 차고 단단하다고 보

대게는 찌면 붉게 변한다. 살의 겉도 붉고 속은 하얗다.

면 된다. 또 '물게'는 배 부분을 손으로 눌렀을 때 무르며 물이 나오기도 한다.

대게 요리는 찜밖에 없나

울진에서 맛볼 수 있는 대게 요리는 찜과 탕이며, 거의가 찜을 먹는다. 항구에서 대게를 사서 그 옆의 식당으로 가져가면 삯을 받고 쪄 주기도 한다. 대게찜에는 양념이 없다. 대게 몸 자체가 지닌 바닷물로 간이 맞기 때문이다. 살을 발라 먹고 나서 몸통의 장에 밥을 비벼 먹는 것이 전부이다. 이 단순한 요리로도 대게는 충분히 맛있다. 그러나 이 맛있는 식재료로 다양한 요리를 만들어낸다면 소비자의 반응은 더 좋을 것이다. 영덕대게니 울진대게니 이름을 가지고 벌이는 다툼이 같은 질의 대게에 대한 '산지 증명' 정도에 그친다면 소비자들은 별 매력을 못 느낄 수도 있다. 맛있는 대게 요리가 있는 울진이었으면 하는 바람이다.

죽변항 아침 풍경

밤새 대게잡이를 한 배들이 아침에 죽변항에 들어와 대게를 내리고 있다. 왼쪽 건물이 경매장이다. 항구에서 20여 킬로미터 바깥의 왕돌초에서 조업을 한 대게들이다. 대게는 수조에 살려서 가지고 온다. 거친 겨울 바다와 싸운 어부들의 얼굴이 대게 등딱지처럼 단단하고 거칠다.

호각소리에 경매는 시작하고

경매사가 경매에 붙일 대게 앞에서 호각을 불면 상인들이 모여든다. 호가와 경락
은 순식간에 이루어지고 대게는 상인의 손에 넘겨진다. 눈에 보이는 것이 한 배에
서 내린 대게의 양이다. 이 정도이면 웬만큼 많이 잡은 것으로 보였다. 이보다 훨
씬 못한 양의 대게도 눈에 띄었다.

'물게'는 뒤로 빼고

배에서 부린 대게를 경매에 붙이기 위해 고르고 있다. 속에 물이 찬 '물게'는 경매
에 내놓아봤자 가격이 나오지 않으니 뒤로 뺀다. 큼직한 놈도 물이 찼다고 제쳐놓
는데, 이는 경매에 올리지 않고 따로 파는 듯했다. '물게'는 전체 양으로 보아 그
리 많은 것은 아니었다.

색깔이 짙은 것이 살이 단단하다

대게는 배딱지의 색깔이 짙을수록 살이 단단하고 꽉 찬 것일 확률이 높다. 사진의 대게는 상품에 드는 색깔의 것이다. 더 확실하게 좋은 대게를 고르는 방법은, 배딱지의 U자 부분을 손가락으로 힘껏 눌러보면 된다. '물게'는 무르고 물이 나오기도 한다. 좋은 대게는 손가락이 안 들어간다.

대게 찌는 데 7000원

대게 경매장 곁에 대게를 쪄주는 가게가 있다. 스팀으로 찌는데 한번에 7000원씩을 받는다. 이렇게 쪄서 현장에서 먹을 수 있게 자리를 내주는 곳도 있다. 그러나 스티로폼 박스에 담아 가는 소비자들이 더 많아 보였다. 근처에 놀러 왔다가 아침 나절에 잠시 들러 음식을 마련해가는 눈치였다.

찌기 전에 질식부터

대게를 찌기 전에 스팀으로 '질식'을 시키고 있다. 어떤 집에서는 대게를 뜨거운 물에 잠시 담가 죽인 후 찜통에 넣었다. 상인들은 이렇게 해서 쪄야 대게의 장이 그대로 있고 맛도 있다고 했으나 정확한 것은 아닌 듯했다. 찌는 시간은 크기에 따라 다른데 20분 정도 걸린다고 한다.

그림 같은 드라마 촬영장

죽변항 뒤쪽 언덕을 오르면 텔레비전 드라마 '폭풍 속으로'의 촬영 세트가 나온다. 바다가 보이는 절벽 위에 아름다운 목조 건물과 교회가 지어져 있다. 바닷물이 얕아 수정처럼 맑고 그 옆은 대나무밭이라 푸르다. 사진 찍는 사람들이 많이 찾는 곳이다. 최근에는 '1박2일' 팀이 다녀갔다고 한다.

울진의 또 다른 명물

울진에는 물회가 맛있다. 초고추장을 탄 얼음 국물에 제철의 생선을 가늘게 채썰어 올려 말아 먹는다. 사진의 것은 오징어와 숭어가 들었다. 생선살이 얼음 국물에 탄탄해지므로 씹는 맛이 있다. 여기에 밥을 말아 먹으면 한 끼 식사가 된다. 일종의 우리식 생선회라고 할 수 있다.

알싸하고 화끈한 불맛
예천 단골식당

예천 용궁면은 오래 전부터 큰 장이 자주 섰던 곳이라 서민적인 음식으로 유명한 고장이다. 미식가들에게 예천의 맛있는 음식을 말하라면 두말할 것 없이 순대와 양념오징어불고기를 꼽는데 예천 용궁면에는 이 두 가지 메뉴로 유명한 식당이 두 군데 있다.
바로 용궁시장의 단골식당(054-653-6216)과 용궁역 앞의 박달식당(054-652-0522)이 그 주인공. 지금 소개할 단골식당은 화끈한 불맛과 매콤한 양념 맛을 앞세운 연탄 직화구이를 주특기로 하는 식당으로서 예천의 맛집들 중 두드러지는 인기를 누리고 있는 곳이다.

KBS 2TV '해피선데이' 코너 '1박2일'에 예천 용궁면과 회룡포가 소개된 뒤로 단골식당은 여행객들과 미식가들로 인해 더욱 인산인

위 이른 점심시간인데도 자리가 나
기를 기다리는 사람들이 식당 앞
에 줄을 서 있다.
옆 식당 안에는 여러 방송 프로그램
에 소개됐던 흔적이 걸려 있다.

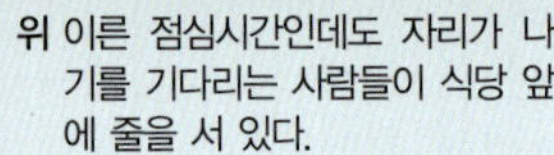

해를 이루고 있다. 그 프로에 소개된 식당은 사실 단골식당이 아니라 박달식당이지만 유명세를 더 타고 있는 집은 단골식당이다.
그 비결은 다른 곳에서 맛볼 수 없는 연탄 석쇠 불고기의 강렬한 매력에 있다. 매운 양념과 어우러진 강한 불 향이 주는 감칠 맛은 백문이 불여일식(不如一食). 한번 맛을 본 손님들은 그 향긋한 불 향을 입소문과 인터넷을 통해 이미 전국으로 일파만파 퍼뜨리고 있다.
이른 점심시간인데도 불구하고 한적한 시골의 작고 허름한 식당이 손님들로 인해 터져나갈 듯하다. 들어섰을 때 이미 만석이었으나 때마침 나가는 손님이 있어 운 좋게 기다림 없이 한자리 차지할 수 있었다.

식당 내부에는 여러 방송의 흔적들이 걸려 있다. 방송 출현 자랑으로 화려하게 장식해놓은 음식점에 들어가면 오히려 신뢰가 떨어지는 경우가 대부분이지만 예천의 단골식당은 원래부터 입소문이 난 집이라 방송 보도와는 무관하게 많은 사람들이 꾸준히 찾는다. 맛에 신뢰가 가는 음식점이다.

기본 찬은 배추나물 무침, 깍두기, 배추김치, 멸치볶음, 새우젓, 다진 양념과 파, 고추로 구성된 다대기 3종 셋트.
경북 지역의 밑반찬들은 수도권 지역과 비교했을 때 짭쪼름한 맛이 강하다. 단골식당의 반찬들도 예외는 아니다.

오징어불고기, 돼지불고기, 닭발구이, 닭불구이, 막창양념구이 이상 5가지 종류의 구이는 같은 양념을 사용한다. 식재료만 다를 뿐이고 조리과정까지 동일하다.

오징어불고기는 탱글탱글 담백하게 씹히는
오징어 본연의 맛에 매콤하고 강렬한
불 내음이 맛있게 코팅되어 있다.

먼저 팬에 양념과 함께 재료를 볶은 후 석쇠에 올려 연탄불에 화끈하게 구워낸다. 5가지 구이 중에서 양념과 가장 잘 어울리는 으뜸으로 대부분 손님들은 오징어불고기를 지목한다. 탱글탱글 담백하게 씹히는 오징어 본연의 맛에 매콤하고 강렬한 불 내음이 코팅되어 있다. 나는 사실 오징어불고기를 좋아하지 않는다. 아니 좋아하지 않았다. 매콤한 양념에 강렬한 불맛이 있어서일까 이곳의 오징어불고기를 만나고 나서는 그런 선입견을 버렸다. 하지만 이런 맛은 경북에 와야지 맛볼 수 있기에 인천에 사는 나로서는 안타까울 따름이다. 오징어 볶음류를 즐기지 않는 사람도 경북 예천 용궁면에 와서 궁극의 불맛과 중독성 있는 알싸한 매운맛을 맛보고 나면 단골식당의 오징어불고기만큼은 좋아하지 않을 수 없을 것이다.

오징어불고기와 쌍벽을 이루는 인기메뉴인 돼지불고기도 중독성이 있어 한번 맛보게 되면 조금만 먹어야지 하면서도 계속 젓가락질을 하게 된다. 양념은 같지만 재료가 다르니 식감이 상이하다. 기름진 불맛이 느껴지는 돼지불고기는 오징어불고기의 담백함이 어우러진 맛과는 또 다른 신세계이다. 양념이 같아도 다른 맛을 주는 묘미는 바로 식재료의 차이에서 나오는 불맛.

코렐 접시에 투박하게 담겨 나온 거친 모양새지만 먹을수록 좋아진다. 말투는 거칠어도 알면 알수록 끌리는 매력이 있는 경북 사람들의 모습을 닮은 듯하다. 욕심 같아서는 닭발구이, 닭불구이, 막창양념구이 다 먹고 싶지만 오징어불고기와 돼지불고기 두 가지로 구이는 만족해야 했다.

밥을 따로 시켜 오징어불고기와 돼지불고기와 함께 먹으면 이것이 바로 오삼불고기, 잘 지어진 쌀밥과 함께 먹다 보면 꿀맛이 따로 없다. 전날 인천에서 도망 나갔던 식욕이 경북 예천에 오니 바로 돌아와 복귀 신고. 그리고 반 공기쯤 남았을 때 양념장을 긁어 모아 밥에 싹 싹 비벼 먹어도 좋다.

(가격: 오징어불고기 6000원/돼지불고기 7000원/닭발구이 6000원/닭불 구이 7000원/막창양념구이 7000원)

다른 메뉴를 살펴보면 순대국밥, 따로국밥, 순대국이 눈에 띈다. 경 북에서 사용하는 독특한 국밥 명칭인 따로국밥. 경북 지역이 아닌 외지 사람들에게는 따로국밥이 메뉴 판에 있는 국밥과 다른 메뉴인 것처럼 생각될지 모르겠지만 경북권에서 말하는 따로국밥은 특별 한 게 아니라 말 그대로 밥 따로 국 따로 나오는 것을 말한다. 경북 에서 국밥은 국에 밥이 말아진 채로 나오는 재래식 시장통 국밥으로

토렴식이다. 윗지방에서 국밥을 주문하면 국 따로 밥 따로 나오는 게 당연한 것이니 따로국밥이라는 명칭 자체가 생소하지만 경북에서의 국밥은 밥에 더운 국물을 여러 번 따라내고 부어 나오는 토렴국밥을 말한다. 그래서 밥 따로 국 따로 나오는 것을 경북에서는 따로국밥이라 부르는 것이다. 순대국은 밥없이 국만 따로 나오니 순대국밥보다 내용물이 더 나올 것은 당연지사, 약주 한잔 하러 온 어르신을 위한 안주용 술국으로 보면 된다. 순대국에 들어가는 순대는 따로 시켜먹는 찹쌀로 채워진 막창순대와는 다르게 당면이 많이 들어간 순대이다. 국물은 잡내 없이 입에 착착 감기는 담백한 맛. 파와 다진양념 등 다대기를 넣어 먹으면 해장으로도 술안주로도 그만이다. 인천에도 이런 맛을 내는 국밥집이 있으면 멀더라도 찾아갈 텐데 라는 아쉬움이 들 정도.

배가 불렀지만 막창순대 맛을 보고 싶은 마음에 한 접시 시켰는데 안 시키면 후회할 뻔했다. 막창순대는 피 속이 찹쌀로 채워져 있어 담백함의 극치를 이룬다. 피순대처럼 진득한 구수함은 약하지만 잡내 없이 씹히는 맛과 입안 가득 담기는 담백한 느낌이 좋다. 충남 천안에 병천순대가 있다면 경북 예천에는 용궁순대가 있다. 남은 불고기 양념과 곁들여 먹다 보니 다 못 먹을 것만 같았던 순대 한 접시가 깨끗하게 바닥을 보인다.

넘쳐나는 손님으로 인해 식사시간에는 눈코 뜰 새 없이 바쁜 음식점이다.
물은 셀프, 과도한 친절함과 빠른 대응력은 크게 기대하지 말 것.

예천은 지보면의 참우로 유명하지만 경북에는 예천 말고도 안동, 영주, 경주, 영천, 경산 등 쇠고기로 유명한 식당들이 많다. 예천에서 좀 더 색다른 맛을 원하는 사람들에게 이곳 단골식당을 추천한다.
알싸하고 화끈한 불맛과 구수한 담백함이 공존하는 단골식당에서 한 끼 식사를 해결하고 인근 장안사에 들러 회룡포 경치도 구경하고 여울마을과 삼강주막을 둘러보면 좋을 것이다.

입에서 사르르 녹는 복어 샤브샤브
영덕 맛기행

경북 블로그 여행 금상 _ 김규진 ▼

: : 복어세상 황복샤브양념구이

여러분께 경산 맛집을 하나 추천하려고 합니다. 예전에는 영대나 경산 시내 쪽에 맛집이 많았는데 요즘에는 진량공단 주변으로 크고 작은 맛집들이 많이 들어서는 추세입니다.
공단 내로 많은 회사원이 오고가면서 식당이 많이 들어서고, 맛집들도 눈에 띄는 것 같습니다. 그중 제가 소개할 곳은 〈복어세상〉이라는 집입니다.

메뉴판을 보면 맛에 대한 행복한 기대와 만만하지 않는 가격이 고민거리를 안겨줍니다. 하지만 〈복어세상〉에 오면 꼭 먹어봐야할 '황복샤브양념구이'를 놓칠 수 없기에 주문을 해봅니다. 메뉴와 가격은 다음과 같습니다.

황복샤브양념구이 : 1인 18000원 (황복양념 + 황복탕 + 공기밥)

웰빙스페셜 : 1인 26000원 (황복양념 + 복튀김 + 밀복탕 + 공기밥)

밀복탕 특 : 1인 17000원

밀복탕 : 1인 13000원

은복탕 : 1인 8000원

복어찜 : 중 29000원 , 대 40000원

밀복찜 : 중 42000원 , 대 54000원

아구찜 : 중 29000원 , 대 40000원

어린이 복까스 : 1인 10000원

복불고기 : 1인 10000원

밀복불고기 : 1인 16000원

복튀김 : 중 20000원 , 대 30000원

복껍질 : 10000원

공기밥 : 1000원

볶음밥 : 2000원

저녁특선 행복상 : 1인 14000원 (복껍질, 복만두, 복불고기, 은복탕, 공기밥)

저녁특선 만복상 : 1인 18000원 (복껍질, 복만두, 복불고기, 복튀김, 은복탕, 공기밥)

'황복샤브양념구이' 4인분을 주문하고 기다립니다. 조금 늦은 저녁 시간이었지만 방마다 사람들이 가득하네요. 복날이라 그런 것도 있 겠지만 입소문이 많이 난 집이라 늦은 시간에도 손님이 많은 듯합 니다.

기다리는 동안 음식 세팅을 해줍니다. 앞접시와 간장 종지 그리 고 시원한 우묵가사리 콩국입니다. 타지역에서도 우묵가사리를 넣은 콩국을 먹는지는 모르겠지만 대구 쪽에서는 재래시장 어디에 가도 시원한 우묵가사리 콩국을 만나 볼 수 있습니다. 어릴때는 싫 어했었는데 커서는 좋아하게된 음식이기도 합니다.

아래는 야채 샐러드인데 특이하게 딸기바나나소스를 사용합니다. 딸기의 새콤함과 바나나의 달콤함이 샐러드의 아삭함과 잘 어우러져 신선한 맛을 안겨줍니다.

잡채는 청양고추를 사용하여 매콤하게 나옵니다. 아무 생각 없이 덜컥 입에 넣었다가 매운맛에 헛기침만 할지도 모릅니다.

쌈 3종세트입니다. 맨 아래부터 절인 깻잎, 절인 취나물, 절인 명이나물입니다. 이곳의 명이나물은 울릉도 산이라고 합니다. 개인적으로 돼지갈비 먹을 때 절인 명이나물과 자주 먹는데 궁합이 참 좋더라구요. 뒤에도 나오겠지만 이곳의 황복 샤브와도 너무 잘 어울립니다.

위 3종 쌈세트 말고도 백김치가 별도로 있습니다. 백김치와 샤브를 함께 해도 아주 잘 어울립니다. 제 와이프는 백김치를 더 좋아하네요.

우엉을 간장에 졸여서 흑임자
가루에 무친 거라고 합니다. 우
엉의 아삭함과 흑임자의 고
소한 맛이 너무나 잘 어우러진
반찬입니다.

물김치입니다. 적절하게 삭아
시원한 맛을 더해주네요.

해파리냉채입니다. 파인애플을 해파리냉채에 곁들여 달콤하
면서도 냉채의 아삭함이 독특한 맛을 만들어줍니다.

구운 마에 독특한 맛의 소스와 신선한 파가 적절한 조합을 이루고 있습니다.

이제 본 요리인 '황복샤브양념구이' 를 먹어볼 차례입니다. 중간은 볼록 솟아 있고 가장자리는 오목하게 들어간 냄비가 준비됩니다.

가운데 부분에 참기름을 두르고 황복을 구워 먹는데, 구이로 바로 먹을 수도 있고 샤브 육수에 담가 부드럽게 먹을 수도 있습니다. 개인적으로 후자로 먹을 때가 훨씬 좋은 듯하네요.

투입될 재료인 다양한 야채와 버섯들 그리고 황복입니다. 4인분 치고는 적어보일 수도 있지만 구이로 구우면 부피가 커져 결코 적은 양은 아닙니다.

이제 좀 푸짐해 보이죠? 가장자리에 복어살이 속으로 들어간 복만두도 넣어 줍니다. 지글지글 익어가는 황복을 보며 군침을 삼켜봅니다.

허겁지겁 급하게 먹으면서 찍어 사진도 흐릿합니다. 급한 성격 때문에 사진 잘 찍기는 아무래도 힘들 거 같습니다. 간장 양념에 살짝 찍어 버섯과 함께 먹어봅니다. 부드러운 육질이 입안을 편하게 하며, 참기름에 구워진 황복의 고소함과 버섯과 야채의 향이 너무나 잘어울립니다.

이번엔 명이나물과 함께 쌈으로 먹어봅니다. 독특한 향의 절인 명이나물의 쫄깃함과 부드러운 복어의 육질이 미묘하게 어울립니다.
정신없이 한 상의 요리를 먹었습니다. 구이와 샤브의 만남이

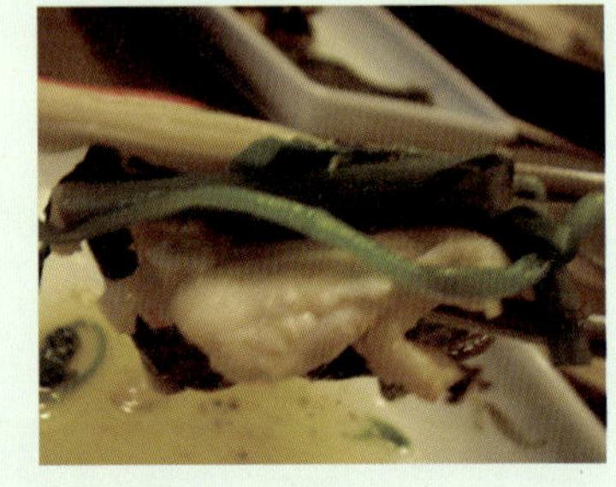

참으로 잘 어울리는 메뉴가 아닌가 합니다. 다양한 야채와 쌈으로 먹으면 너무 좋은 '황복샤브양념구이' 입니다. 샤브샤브는 싫다던 아버님도 "괜찮네"를 연발하십니다.

요리를 다 먹으면 식사를 준비해 줍니다. 지리 1개와 탕3개를 주문합니다. 예상은 했지만 어르신들은 매콤한 탕을 선호합니다. 특히 경상도는 맑은국을 별로 선호하지 않지요. 사실 저도 지리라는 메뉴는 성인이 되고 나서야 알게 되었지요.

식전에 보리빵이 나옵니다. 후식도 아니고 식사 전인 어중간한 타이밍에 나오긴 했지만 따끈한 보리빵이 부드러우면서 구수한 맛을 냅니다.

식사로 나온 탕과 지리입니다. 복어와 너무나 잘 어울리는 콩나물이 듬뿍 들어가 있네요. 탕은 매콤한 맛이 강하고 지리는 시원한 맛이 더 큽니다. 특히 지리는 탕과 달리 복어 뼈를 푹 삶아 우려낸 물이라 더욱 시원하다고 합니다. 웬만한 복어식당에서 지리 한 그릇에 8000~10000원 정도 하는 걸 감안하면, '황복샤브양념구이'를 먹으면서 따라나오는 지리를 먹는다고 생각하면 가격이 그리 나쁘지 않은 거 같습니다.

볶음밥입니다. '황복샤브양념구이' 메뉴 자체에 기본으로 공기밥이 포함되어 있기 때문에 1000원만 추가하면 볶음밥으로 먹을 수

있습니다. 특히 샤브의 시원한 국물과 볶음밥이 어우러져 더욱더 고소한 맛을 냅니다.

밥의 찬으로는 간장에 절인 해초와 버섯이 나옵니다. 해초는 많이 짜서 꼭 밥이랑 먹어야 했고 달콤한 맛까지 더해 따로 먹어도 맛있었습니다.

마지막 후식으로 나온 매실차입니다. 새콤한 맛으로 느끼한 입안을 깔끔하게 해주네요.

오랫만에 분위기 있는 식당에서 맛난 요리를 먹었습니다. 착한 가격에 맛집을 찾는 게 개인적인 성격이지만 가끔은 어르신들과 함께 이런 훌륭한 음식을 만나보는것도 좋은 것 같습니다.

경산에 사시거나 주변에 계시다면 진량공단 입구쪽 〈복어세상〉을 한번 찾아 보시길 바랍니다.

● 평가
식당 지명도 : ★★★★☆
식당 위생 : ★★★★★
식당 분위기 : ★★★★☆
주차 : ★★★★★
맛 (황복샤브양념구이) : ★★★★☆
맛 (복 지리) : ★★★☆☆
맛 (복 탕) : ★★☆☆☆

● 주메뉴 복어요리
● 주소 경상북도 경산시 진량읍 신상리 381-2
● 전화 053-856-9797
● 메일 good5594@janmail.net

::옥계계곡

오랫만에 계곡으로 여행을 떠나 보았습니다. 휴가 하면 바다를 더 선호하는 사람들이 많긴 하지만, 뜨거운 태양을 피해 시원한 계곡을 찾으시는 분들에게 강력히 추천하는 곳, 바로 옥계계곡입니다.

●경북 영덕군 달산면 흥기3리　●054-730-7405

이름에서 느껴지듯이 옥처럼 맑은 물이 흐르는 옥계계곡은 경북 영덕의 내륙에 위치한 계곡입니다. 팔각산과 바데산 사이에 위치한 이곳은 맑은 물과 큰 계곡의 경치로 유명한데, 침수정 주변에서 그 경치가 절정을 이룹니다.

계곡의 크기가 굉장히 넓고 큰 편이라 수위가 깊은 곳부터 낮은 곳까지 다양하기도 합니다. 아래의 사진에 보이는 곳은 3m 정도의 깊이입니다. 생각보다 깊지요?

반대로 오른쪽 사진에 보이는 계곡 구간의 경우는 수심 50cm에서 1.5m 사이로 비교적 낮습니다. 꼭 인공 수영장 같지요? 하지만 천연 자연이 만들어낸 계곡입니다. 가족 단위로 수영하기 너무나 좋은 곳입니다. 물도 깨끗하고 넓어서 여름휴가에는 정말 최고인 곳입니다.

군데군데 있는 작은 폭포 아래
에는 천연 욕조도 만들어집니
다. 이곳도 생각보다는 깊으니 어
른들만 이용해야 할 듯하네요.

작은 투명 통발로 물고기를 잡으
시는 어른들입니다. 이곳 물이 워
낙 깨끗한 만큼 물고기도 정말 많
습니다. 다슬기나 잡아볼까 하고
돌을 들어보면 돌 사이에서 큰 물
고기들이 막 튀어나오기도 하지

요. 아이들과 함께 물고기를 잡아보는 것도 좋은 체험이 될 듯합니다. 작은 물고기나 작은 다슬기는 꼭 놓아주는 것도 잊으면 안 되겠죠~

이곳이 계곡 절벽 위에 있는 침수정(枕漱亭) 입니다. 베개 침, 양치질할 수, 정자 정으로 '돌을 베개 삼고, 흐르는 물로 양치질을 한다'는 말에서 따온 이름이라고 합니다. 정자 위에서 바라보는 계곡의 모습은 정말 감탄사가 쏟아집니다. 아쉽게도 정자에 올라 사진을 찍지 못해 멋진

사진을 담지는 못했습니다. 침수정을 찾으시는 분들은 멋진 전경을 담으시길 바랍니다.

이곳은 침수정 아래쪽 계곡입니다. 계곡물에 패이고 깎여 자연적으로 생긴 천연동굴과 거대한 암벽이 형성되어 있는 곳입니다. 바로 이곳이 옥계계곡에서 가장 많은 피서객이 모여드는 곳입니다.
시원한 동굴 안쪽에는 이미 자리잡고 누운 사람들도 있네요.

물가는 물론이고 물 안쪽 어디에든 피서객으로 가득합니다. 하지만 개인적으로 이곳보다는 좀더 한적한 침수정 주변의 상류쪽을 추천합니다.

시원하고 깨끗한 계곡물에 조금이나마 더위가 사그라지셨는지 모르겠네요. 옥계계곡은 청송얼음골과도 비교적 가까운 위치에 자리 잡고 있습니다. 올여름 시원한 계곡을 찾으신다면 옥계계곡과 침수 정계곡일원을 추천합니다. 또한 영덕 바닷가와 인접해 있으니 바다와 계곡을 함께 즐기려는 분들에게도 강력히 추천해 드립니다.

: : 영덕 해맞이공원

혹시 에메랄드빛 바다와 해변 하면 해외만 생각하시나요? 아닙니다. 인적이 드문 가까운 동해만 찾아도 에메랄드빛의 깨끗하고 아름다운 바다를 만나볼 수 있습니다. 여기서는 옥계계곡에 이어 영덕의 바다, 그중에서도 일출과 깨끗한 바다로 유명한 해맞이공원을 소개해 볼까 합니다.

●경북 영덕군 영덕읍 대탄리   ●054-730-6315

강구항을 지나 해안가로 이어지는 해안도로를 따라 올라가다 보면 영덕 해맞이공원이 나옵니다. 높은 절벽 해안을 따라 만들어진 해변 공원이며 2~3군데의 작은 주차공간도 있어 지나가다 쉽게 들를 수

있는 곳입니다. 해안 언덕에서 동해의 멋진 풍경을 내려다볼 수 있으며, 특히 새벽 일출의 장관이 연출되는 멋진 장소입니다.

언덕 위에서 바라보는 바닷물이 참 깨끗하지요? 해외에서만 볼 수 있다고 여겼던 에메랄드빛의 바다를 바로 우리나라 동해에서도 볼 수 있습니다.

언덕에서 해변 쪽으로 내려가는 계단이 있습니다. 가파른 절벽에 만들어진 계단이라 쉬운 길은 아닙니다. 더군다나 요즘같이 더운 여름날에 한번 내려갔다 오면 온몸이 땀으로 범벅이 될 각오는 하셔야 합니다. 하지만 꼭 한번 내려가보라고 추천하고 싶습니다. 눈으로 보는 깨끗한 바다가 피부로 느끼는 시원한 바다가 되는 순간 또다른

짜릿함이 밀려옵니다.

중간쯤 내려와서 해변을 보니 함께 온 듯 보이는 몇몇 어르신들이 해변에서 뭔가를 잡고 계십니다. 더욱 궁금해져 빠른 발걸음으로 내려 가보았습니다.

내려와서 자세히 보니 이미 잡으신 물고기를 손질중이시더군요. 물고기는 어떻게 잡았냐고요? 쇠창살로 잡으셨습니다. 정말 만화에나 나올 듯한 모습입니다. 가늘고 긴 삼지창 같은 걸로 투명한 바다에서 뛰어노는 물고기를 잡고 있었습니다. 크기는 꽁치 정도밖에 안 되지만 신선한 회 맛이 정말 일품이겠죠?

숨은그림찾기입니다. 위 사진에서 물고기를 잡으시는 아저씨를
찾아보세요~ 창 하나 들고 사라지셨는데 어디로 가셨나?

눈앞에 펼쳐진 깨끗하고 투명한 동해 바다입니다. 물론 파
도가 심한 날은 조금 위험할 수도 있는 곳이지만 다행히도 이날
은 조용하더군요. 얕은 바위 틈에서도 꽁치만한 생선들이 획획
도망가는 모습들이 보였습니다. 정말 자연 그대로의 모습입니
다. 이렇게 깨끗하고 맑은 바다는 참으로 오랜만입니다.

옆의 일출은 숙소에서 촬영한 사진입니다. 잠결에 알람소리만 듣고 허겁지겁 일어나 찍다 보니 사진이 영 흐릿합니다.

영덕 해맞이공원의 아름다운 경치와 맑은 동해 바다를 만나보고 싶으신 분은 영덕으로 놀러 오세요~ 소중한 추억을 만드실 수 있을 겁니다.

::강구항

시원한 계곡과 멋진 바다를 봤으니 이젠 먹으러 가야겠죠? 바로 대게로 유명한 〈강구항〉입니다. 드라마 〈그대 그리고 나〉 촬영지로 유명한 식당이기도 합니다.

대게가 큰 대(大)가 아니라 다리가 대나무와 비슷하다고 해서 붙는 이름이라는 것은 많이 아실 겁니다. 대게는 수온이 낮고 수심이 깊은 바다의 모래나 진흙에서 사는데 동해의 온난화로 서식층이 점점 북쪽으로 올라가고 있습니다. 좋은 예로 예전에는 울산과 포항도 대게로 유명했지만 요즘엔 많이 줄어들었습니다. 서식은 우리나라와 일본, 러시아, 알래스카, 그린란드 주변에서 한다고 합니다.

강구리로 들어오는 다리를 건너 해안을 타고 오면 수많은 대게 식당이 반깁니다. 다리 건너 2km도 안되는 거리지만 강구항으로 들어오는 길이 매우 좁고 번잡해서 주차장까지 들어오기가 쉽지 않으니 여유있게 오시는 것이 중요합니다. 강구항에서 대게를 사는 방법은 크게 두 가지 입니다. 강구항 주변의 식당을 통한 방법이 있고, 두번째는 강구항 제일 안쪽에 있는 어시장에서 파는 대게를 사는 방법이 있습니다.

식당을 이용하는 방법

입구서부터 수많은 식당이 늘어서 있고 손님을 부르는 아저씨들이 식당마다 서 있습니다. 식당의 가장 큰 장점은 특별한 고민 없이 쉽게 대게를 주문할 수 있고 주차 걱정도 없다는 것입니다. (여기서 주

차 걱정은 비용이 문제가 아니라 주차 가능한 공영주차장까지 너무 밀려서 들어가는 데 시간이 많이 걸리는 것) **또 하나, 다양한 해산물 서비스**가 나오기도 하니 편안하게 대게를 먹기에 너무 좋습니다. 그렇다면 단점은 당연히 떠오르시죠? 바로 가격이 비싸다는 점입니다. 식당마다 다르겠지만 2~3인 식구 기준으로 2~3만 원 정도 더 비싸다고 생각하시면 됩니다. 하지만 속이 꽉찬 대게를 믿고 먹을 수 있는 안전한 방법이기도 합니다.

> **tip**
>
> 큰 도움은 아니지만 잘 모르는 분이 있으실 거 같아서 소개하자면, 강구항으로 들어가는 식당이 부담되신다면 강구항 아래에 있는 식당을 추천해드립니다. 강구리로 들어오는 다리 입구 쪽에 보면 아래 해안으로 내려가는 작은 계단이 있는데 아래로 내려가면 강구항 해변 뚝 아래로 형성된 숨은 식당들이 즐비합니다. 강구항을 자주 오시는 분들도 이곳을 잘 모르는 분들이 많습니다. 식당에서 편안하게 먹되 위쪽 식당보다 좀 저렴하게 이용하기에 좋은 곳입니다. 찾기가 쉽지 않으니 강구항에 한두 번 갔다 와 보신 분들에게 추천합니다.

시장을 이용하는 방법

아래 사진이 바로 안쪽에 있는 강구 어시장입니다. 방파제 내항 쪽
으로 형성된 어시장에서 싱싱한 어패류들과 살아 있는 대게를 아주
머니들이 팔고 계십니다. 시장의 장점은 식당보다 싸다는 것입
니다. 보통 대게의 가격은 크기로 형성되는데 대게가 워낙 다른 게
보다 큰 편이라 감을 잡기가 어려우실 겁니다. 지금은 철이 아니라
대부분 북한산이나 러시아산입니다.

보통 성인 1인 대게 1마리가 적당하다고 본다면 성인 1인 먹을 정도
의 1마리의 가격을 1만 원 정도로 생각하시면 됩니다. 이 기준으로
위아래의 격차가 매우 큽니다. 성인 혼자 1마리 먹기에 조금 작다
싶은 것들은 2~3마리 1만 원 할 정도로 싸기도 하고, 반대로 혼자
먹기에 좀 크다 싶은것들은 1마리에 2~3만 원 하기도 합니다. 그러
니 선물용이냐 식사용이냐를 따져서 적절한 대게를 선택하시는 것
이 중요합니다. 시장에서 산 대게는 살아 있는 그대로 가져가서 각
자 알아서 먹을 수도 있지만 시장 주변 식당에서 먹거나 찐 상태로
포장할 수도 있습니다.

tip

- 생물 그대로 포장 : 별도 비용 없음
- 쪄서 포장 : 찜비 별도 (보통 생물 가격의 10%, 예를 들어 5만 원어치 사면 찜비 5천 원)
- 쪄서 식당에서 먹기 : 찜비 별도 + 자리비 (보통 1인당 1~2천 원 합니다. 초장이랑 기타 야채 등을 제공해주죠.)

앞에서 언급을 못했지만 시장의 단점은 역시나 따로 계산하고 움직여야 하는 번거로움이 있고 주차도 별도로 해야 합니다. 강구 어시장 옆으로 공영주차장이 있는데 시간당 1천 원 정도였던 거 같네요. 하지만 어시장에서 직접 골라보는 재미도 있고 말만 잘 하면 한두 마리 더 얻는 즐거움도 있습니다. 아래 사진에 보이는 대게 6마리가 5만 원 정도입니다. (시세는 매일 다르니 참고만 하세요)

앞에서도 살짝 언급했지만 지금은 대게 잡는 시기가 아니라 국산 대게는 없습니다. 우리나라는 대게의 산란과 어장 확보를 위해 11월부터 5월까지만 대게를 잡을 수 있고, 잡는다 하여도 특정 크기 이상 큰 녀석만 잡을 수 있습니다. 그래서 해당 시기 외에는 대부분 러시아산이나 북한산 대게들이 나오는 점을 참고해두시면 좋을 듯하네요. 맛은 큰 차이가 없습니다. 차이가 있다면 살이 꽉 차있냐입니다. 국내산은 살이 꽉 찬 시기에 잡기 때문에 항상 좋은 품질의 대게를 만날 수 있지만, 북한산이나 러시아산은 유통과정이 길고 살아 있다

하여도 속살이 빈약한 시기라 잘 골라야 합니다. 그나마 북한산은 좀 낫지만 러시아산은 짠맛이 조금 강한 편입니다. 살이 제일 많은 시기가 12월부터 1월이니 해당 시기에 찾으시는 것도 좋을 듯합니다. 이 시기에 대게 축제도 함께 열립니다.

킹크랩을 파는곳도 많이 있습니다. 킹크랩이 가격대비 살도 많고 괜찮긴 하던데 개인적인 입맛과는 안 맞더군요. 영덕 가서 청게나 홍게를 사 먹는 실수는 없도록 하세요.

간단히 영덕에서 나오는 대게를 살펴 보자면 아래와 같습니다.

박달대게 박달대게는 영덕대게 중에서도 크고 살이 정말 꽉찬 특산품입니다. 박달의 경우 지자체에서 녹색 스티커를 붙이니 꼭 붙은 것을 확인하세요.

영덕대게 영덕에서 잡히는 대게이며 붉은색을 띠지만 심하지는 않습니다. 특히 국내산은 하얀색의 돌가루 같은 것이 없습니다.(러시아산의 경우 바닷속 환경이 산호초가 많아 흰색의 석회돌이 붙어 있는 경우가 많습니다.)

tip

철이 아닌 때 좋은 대게를 고르는 방법은 다리나 배 쪽을 눌러 속이 비어 있지 않고 단단하게 차 있는 것이 좋습니다. 크기에 좌지우지하지 마시고 속을 꼭 눌러보고 선택하시길 바랍니다.

너도대게(청게) 청게는 대게와 홍게 사이의 자연교잡종입니다. 모양이나 색이 홍게와 대게의 중간이며, 이름에서 느껴지듯이 이도저도 아니지만 대게는 맞다고 하여 너도대게로 불리웁니다. 가격 역시 대게와 홍게 사이.

붉은대게(홍게) 몸과 다리 모두 아주 붉은 주홍빛으로 눈에 확 띕니다.

치수대게(가빠리) 통통배를 타고 나가는 가까운 바다에서 잡힌 작은 대게입니다. 인터넷을 통해 저렴하게 파는 대게가 바로 이녀석들입니다. 보통 9~11cm로 작긴 하지만 이도 국내산이라 실속있습니다.

난전대게(찔찔이) 살이 많이 없고 약한 대게들입니다. 시장에서 산 대게가 살이 없는 경우 대부분 난전입니다. 예전에는 어시장에서 이녀석들을 많이 팔았는데 말이 많아서 요즘엔 치수나 영덕대게를 파는 것 같습니다.

> ### 재미난 이야기
>
> 빵게와 혹게 위에 언급한 대게 외에도 재미난 이름의 게들이 있습니다. 바로 빵게와 혹게입니다. 빵게는 암게를 말하는데 자원보호 때문에 연중 잡을 수 없습니다. 그래서 '암게를 잡다가 걸리면 교도소에 간다'를 줄여 빵게라고 불린다고 합니다. 갑각류로 분류되는 대게는 크기가 커지면서 기존의 껍질을 벗고 새로 나오는 과정을 거치는데 이렇게 껍질 벗고 갓 나온 대게를 혹게라고 부릅니다. 껍질 자체도 연하고 부드러워 일본에서는 살과 함께 회로 즐긴다고 하네요.

시장에는 그 외에도 다양한 어패류들을 팔고 있습니다. 전복, 멍게, 해삼, 개불, 성게 등 종류도 다양합니다. 왠만한 식당보다는 훨씬 싸니 이곳의 싱싱한 해산물을 강력히 추천합니다. 전 개인적으로 개불을 아주 좋아합니다.

횟감으로는 우럭, 광어, 도다리, 오징어, 한치, 방어 등 이름도 잘모르는 생선들이 가득합니다. 사진에 보이는 바구니당 2~3

만 원 정도로 보시면 됩니다. 굉장히 쌉니다. 제가 다녀본 대구/경북권 내에서 회감으로는 포항 죽도시장 다음으로 회가 싼 곳입니다. 대게가 부담되시면 이곳에서 신선한 회를 함께 해보시는 것도 강력히 추천합니다. 오징어는 요즘 한참 비싸니 참고하세요~

동해라 그런지 산지에서 잡은 오징어를 바로 건조시켜 피데기로 만들어 팔고 있습니다. 피데기 좋아하지만 이날은 넘어갔습니다. 가격은 작은 거는 10마리 1만 원 정도, 큰 놈들은 10마리 2만 원 합니다.

강구항 방파제 뒤쪽에서 작은 고둥도 잡아 봅니다. 시원한 바닷물에 발만 적시러 갔다가 작은 고둥들이 눈에 보여 모두 잡아버렸습니다.

비록 피서철인 지금이 대게의 제철은 아니지만 영덕에 오셨다면 대게 한번 맛보시길 바랍니다. 대게가 부담되시면 신선한 해산물도 많이 있고, 굳이 먹거리가 아니더라도 재래시장의 즐거움이 있는 강구 어시장 꼭 한번 들러보시길 바랍니다.

강구항의 먹거리 말고도 오래된 어선들의
모습도 볼 수 있습니다.
전형적인 어촌의 풍경들이
색다른 느낌을 전해줍니다.

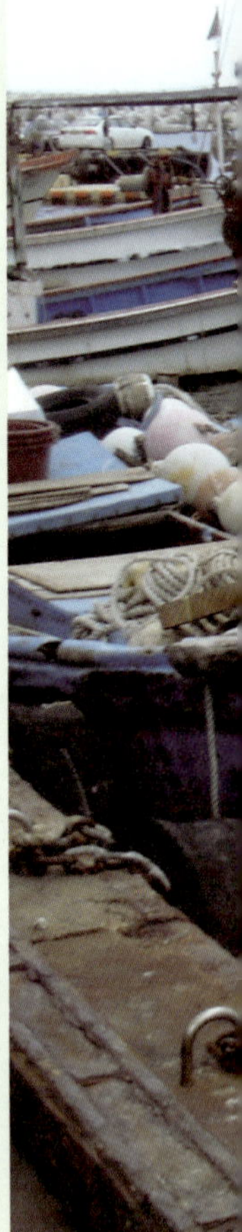

천년 역사의 경주로 떠나는 웰빙 맛여행

경북 블로그 여행 은상 _ 전문양 ▼

지난 7월 1일 안동 하회마을과 더불어 경주 양동마을이 세계문화유산에 등재됐습니다. 축하하는 의미로 모모짱이 경주의 맛집을 한번 정리해볼까 합니다.

도시 전체가 문화유산의 보고로 건물 높이제한이 있어 톨게이트에 들어서면부터 맑은 공기와 탁 트인 시야로 인해 마음의 휴식을 느끼게 됩니다.

이번에 유네스코 문화유산으로 지정된 양동마을은 옛 상류선인들의 일상을 그대로 볼 수 있는, 생명력이 살아숨쉬는 고즈넉하고 조용한 마을입니다. 월성 손씨와 여강 이씨의 양대 가문이 대대로 거

주하여 왔습니다. (경북경주시 강동면 양동리 054-779-6105) 숨은 보석 같은 양동마을을 거닐면서 타임머신을 타고 6백 년 전으로 날아가 보는 것은 어떨까요.

국보로 지정된 유적지나 박물관을 중심으로 역사적인 여행을 하여도 좋고, 토함산자연휴양림과 메타세콰이어숲에서 텐트를 치고 웰빙 휴양을 해도 좋으며, 여름엔 가까운 감포동해바다에서 해수욕을, 가을 겨울엔 문무대왕릉(경상북도 경주시 양북면 봉길리)이 있는 동해쪽으로 갈매기와 함께 멋진 바다여행을 하여도 매우 좋습니다.

: : 경주에 가면 꼭 들러보아야 할 맛집

① 고급스러운 전통 분위기에서 호사스러운 식사를 즐길 수 있는 곳
라궁호텔 한정식

라궁호텔은 경주의 양동마을에 위치한 향단이라는 건물을 모태로 하여, 현대식으로 재해석해서 지었습니다. 건물 구석구석을 보고 있으면 우리 선인들의 온고지신을 엿볼 수 있습니다. 드라마 〈선덕여왕〉과 〈꽃보다남자〉의 촬영지로 젊은층에게도 인기몰이를 하고 있는 곳으로 객실도 16개밖에 되지 않아 예약하기가 좀처럼 쉽지 않답니다.

한옥 스타일을 재현하다 보니 부대시설은 거의 없지만, 옛 선인들의 정취를 느낄 수 있는 고즈넉함 때문에 서양식의 화려한 특급호텔보다 오히려 운치가 있습니다. 가운데 마당을 중심으로 ㄴ자 구조로 객실이 연속해 있는데 해질녘이나 새벽에 마당을 거닐어도 좋

고, 호텔 밖의 연못가로 산책을 하면 한국적인 정서에 매료됩니다.
숙박하는 사람만 식사를 할 수 있다는 단점이 있습니다. 비투숙객도
아름다운 한식 호텔의 멋을 즐길 수 있는 기회가 주어졌으면 합니다.

●경상북도 경주시 신평동 719-70 보문단지내 ●054-778-2000

② 요석궁 식당

가격이 꽤 비싸다고 알려진 요석궁 식당입니다. 그렇지만 특별한 날에 한번쯤은 꼭 들려보라고 추천드리고 싶은 곳입니다. 정갈스러운 음식과 더불어 조선시대 상류층이었던 최부자네 집 구경하는 것만으로도 충분한 가치가 있다고 생각합니다. 점심은 3만원 코스부터 있으니, 가을날 부모님 모시고 조용한 식사를 하러 방문해 보시는 건 어떨까요.

● 경상북도 경주시 교통 59　● 054-772-3347

3 도솔마을

저희 가족이 경주로 1박2일 나들이를 떠날 때 항상 들르는 집입니다. 집밥처럼 소박하지만 푸짐하고, 이름난 경주의 쌈밥집들보다 훨씬 맛과 특히 분위기가 참 좋은 곳이라 주변 지인들에게 여러 번 추천한 곳이기도 합니다.

●경상북도 경주시 황남동 71-2 ●054-748-9232

4 금성관식당

노랗게 금방 지어낸 약수밥과 진한 대게장순두부, 깔끔한 반찬들이

좋습니다. 여러 명이서 식사할 요량이면 게장도 하나쯤 주문해보기를 추천합니다.

●경상북도 경주시 황남동 71-2 ●054-748-9232

5 바다를 보고 싶다면 조금 더 시간을 내어 북부해수욕장으로 가서
맛있는 물회를 먹어보자~!
환여횟집

경주에서 감포쪽으로 동해를 보면서 드라이브를 해도 좋지만, 미식가라면 포항의 죽도시장에 잠시 들러 시장구경도 하고 10여 분 거리에 있는 북부해수욕장으로 가보아도 좋습니다. 국물맛이 착착 감기는 맛있는 물회 한그릇은 어떠실는지.

●경북포항시 북구 두호동 190 ●054-251-8847

6 동해 문무대왕릉 앞에서 탁 트인 바다를 보면서
외할머니 시골 손맛의 초장과 함께 먹는 맛있는 횟집
바다횟집

시골 외할머니가 손수 담그신 고추장 맛이 나는 참 맛있는 초고추장과 금방 삶아낸 소라, 오징어 그리고 시원한 매운탕까지…. 소박하지만 바다를 보며 회 한접시 드셔보시길 추천합니다.

7

기와집불고기식당

연하디 연한 소고기를 연탄불
석쇠에 구운 맛있는 석쇠 소불
고기를 맛볼 수 있는 곳입니다.
경주 보문단지에서 차로 30분
정도면 갈 수 있습니다.
달짝지근한 맛있는 불고기와
깔끔하고 맛깔스러운 밑반찬을
함께 드실 수 있습니다. 저는 결
혼 전 남편이랑 경주에 데이트
하러 왔다가 들렀는데, 곱게 다
져 고기의 잡내가 전혀 나지 않

고, 불맛이 스멀스멀 올라오는 감칠맛이 나는 석쇠불고기의 맛에 반

해서 아마 결혼했는지도 모르겠습니다. 반질반질한 한옥 마루에 앉

아서 먹는 그 석쇠불고기의 맛을 감상하러 지금 바로 떠나시죠.!

●울산광역시 울주군 언양읍 서부리 15 ●052-262-4884~7

8

황남빵과 찰보리빵

경주명물 황남빵과 찰보리빵은 경주를 다녀오는 길에 사오는 아이
템입니다. 단팥소의 맛이 일품이며 따뜻한 녹차 한잔과 먹으면 그만
입니다.

(1) 첨성대 일대
유채꽃단지와 황화코스모스단지
첨성대 일대 주변 유적지 : 첨성대 · 동부사적지 · 천마총 · 황룡사지 주변

경상북도에서 아름다운 노란빛깔의 유채꽃을 볼 수 있는 곳은 경주의 유채꽃단지, 포항의 호미곶 유채꽃단지, 영덕의 고래불 유채꽃단지입니다. 이곳 경주 유채꽃단지는 4월부터 노란 꽃망울이 터지기 시작하여 여름동안 첨성대와 내물왕릉을 배경으로 아름다운 경관을 볼 수가 있습니다. 카메라를 갖다 대면 다 그림이라서 연인 또는 가족, 부모님을 모시고 사진촬영하러 고고씽~ 유채꽃놀이는 이제 경북에서~!

한국적인 정서의 느낌이 물씬 풍겨나는 꽃 중의 하나가 바로 이 연꽃이 아닐까 싶습니다. 경주의 이미지와 참 어울리는 연꽃단지는 7월 중순부터 꽃이 피기 시작하여, 특히 비라도 촉촉히 내리는 날의 운치가 정말 끝내주는 곳입니다.

사진작가들이 아름다운 연꽃의 자태를 담아내느라 여념이 없는 모습을 자주 보곤 합니다.

③ 캘리포니아비치 맞은편 주변 관광 : 보문단지 · 밀레니엄파크

도시 전체의 공기가 맑아서 웰빙 그 자체이지만, 하늘로 쭉쭉 뻗은 메타세쿼이아 숲을 보면 어른, 아이 할 것 없이 기분이 상쾌해 집니다. 이 메타세쿼이아 숲에는 텐트를 치고 캠핑을 할 수 있도록 야영장이 마련돼 있습니다. 오토캠핑이 라이프 트랜드로 자리 잡고 있는 요즘, 이곳에서 조용한 아침을 맞이해보는 것도 추천드립니다.

저는 예전부터 점찍어놓고 이곳에서 이른 저녁식사를 해 보았습니다. 그늘막을 쳐 놓고, 바베큐를 굽고, 라면도 끓여 먹고, 아직 많이 알려지지 않은 것 같아 조용하니 너무 좋았답니다.

● 경상북도 경주시 천군동 205번지

보너스 추천_보문관광단지 주변

● 경주에 갈때마다 꼭 들리게 되는 보문단지. 어린시절 부모님이 그랬듯이 보문단지 앞에서 저도 아이들에게 예쁜 사진을 찍어줍니다.

● 빠뜨릴 수 없는 오리배와 자전거 타기. 특히 가을단풍이 물들기 시작하는 즈음 보문단지는 참 아름답습니다.

● 캘리포니아비치, 대명리조트, 힐튼호텔수영장에서 한참을 놀고 나서도 꼭 들러보게 되는 곳입니다. 재미있게 노는 아이들을 보면 입가에 미소가 저절로 피어납니다.

1 선재미술관의 아트 감상과 보문단지 산책을 할 수 있는
힐튼경주호텔

최근 경주에 새로운 숙박시설이 많이 생겨났습니다만, 힐튼경주의 명성은 아직 그대로입니다. 제가 이곳을 좋아하는 이유는 경북권일대에서 제일 괜찮은 전시를 하고 있는 선재미술관이 있기 때문입니다. 선재미술관 앞의 잔디광장은 이른 아침 가벼운 산보를 하기에 그만입니다. 조식을 먹고 미술관이 문을 열면 아이들 손을 잡고 하나하나 둘러봅니다. 그런 다음 수영장에서 몇 시간을 놀다가 일요일은 특별가격으로 제공되는 중식뷔페(실크로드)에서 먹을 수 있습니다.

● 경상북도 경주시 신평동 370 ● 054-745-7788

2 경주에서 가장 최근에 오픈한 호텔에서 모던하고 조용한 현대식 감각을 맛보다
스위트경주호텔

바닥이 플로링으로 되어 있어, 카펫 비염이나 알러지가 있는 분들에게도 적극 추천해 드리고 싶은 스위트호텔입니다. 최근에 오픈했기 때문에 조용하게 숙박을 할 수 있으며 호텔  주변의 산책로가 참 좋습니다. 미니 골프장이 있어, 아이들과 함께 가볍게 라운딩을 해도 참 좋고, 교원에서 운영하는 드림센터에서 교육과 과학체험을 하는 것도 추천합니다. 이 일대의 산책로도 참 멋

집니다.

단점은 부대시설이 양식당 한 곳밖에 없어서 특급호텔의 부대시설을 즐길 수 없는 것입니다.

●경상북도 경주시 북군동 110-9 ●054-778-5300

3 마우나오션리조트
한여름에도 산 정상에서 차가운 공기를 가르며

경주와 울산의 경계에 위치하여 경주와 울산을 넘나들면서 여행을 할 수 있는 숙박지입니다. 골프를 할 수 있는 골프텔입니다.

산정상에 위치해 있어서 한여름에도 공기가 참 시원하고 좋구요, 자동차로 15분 거리에 진하해수욕장(울산 울주군 서생면 진하리)이 있어 해수욕을 즐길 수가 있습니다. 리조트 내 식사의 맛이 살짝 아쉬운 것이 단점입니다.

이 곳에서 진하해수욕장까지 운전이 조금 힘들어요. 참고하시길

●경상북도 경주시 양남면 신대리 산 140-1

4 라궁호텔
황후가 된 기분으로 하루밤의 호사를 즐긴다

드라마 〈꽃보다 남자〉 촬영지로, 얼마전 〈선덕여왕〉 촬영지가 되었던 라궁호텔입니다. 한옥도 이렇게 아름다울 수 있는지 감탄이 절로 나오는 호텔입니다. 객실마다 개인 노천온천이 딸려 있어, 더욱더 운치를 즐길 수 있습니다. 특히 해질녘 안채의 뜰과 호텔 전체를 천천히 걸으면서 둘러보면 정말 운치가 있습니다. 결혼기념일이라든지, 부모님 환갑이라든지 조금 특별한 날에 한번쯤 꼭 묵어볼만한 호텔입니다.

라궁호텔은 옛 선인들의 정취를 느낄 수 있는
고즈넉함 때문에 서양식의 화려한 특급호텔보다는
오히려 운치가 있습니다

라궁호텔은 옛 선인들의 정취를 느낄 수 있는
고즈넉함 때문에 서양식의 화려한 특급호텔보다는
오히려 운치가 있습니다

투숙객은 밀레니엄파크에 무료로 입장할 수 있으며, 객실수가 적어서
예약하기가 쉽지 않고, 부대시설이 식당밖에 없는 것이 단점입니다.

⑤ 사랑채
외국인들 사이에 더 유명해진 한옥체험 숙박시설

남편 지인분께서 운영하는 민박형의 사랑채인데요. 주머니사정이
가벼운 해외 여행자들에게 아주 인기가 있는 곳입니다. 저렴한 비용
으로 한옥숙박체험을 할 수 있으며, 주인장께서 깨끗하게 관리하고
계십니다. 한국을 알리는 한옥형 숙박시설이 많이 생겨났으면 하는
바람입니다.

●경상북도 경주시 황남동 238-1 ● 054-773-4868 / 010-6727-4868

서민들의 먹거리 총집합 칠곡군 맛기행

경북 블로그 여행 동상 _ 이명우 ▼

칠곡군의 행사와 가볼 만한 곳, 저렴하고 서민적인 먹을거리를 소개합니다. 칠곡군에서는 올해 10회째를 맞이하는 **아카시아 벌꿀 축제**가 있습니다. 아카시아꽃 필 무렵에 열리는 이 행사는 아카시아 진한 향기와 더불어 숲길을 걸어볼 수 있는 여유로움이 있고 볼거리 먹을거리가 풍부합니다. 또한 관내 양봉농가가 직접 생산한 벌꿀을 바로 살 수 있도록 판매가 함께 이루어지고 있어요.

버스로 정상 부근에 내려서 걸으니 진한 아카시아 꽃향기에 마음과 몸이 날아갈 듯합니다. 중간중간 군내 양봉농가의 벌통이 자리 잡고 있고, 직접 채밀 과정을 보고 참여할 수 있고요, 농가가 직접 채취한 벌꿀을 현장에서 바로 구매할 수 있습니다. 정상 부근에 올라서면 먹을거리 볼거리가 많습니다. 칠곡군 주최 행사가 많이 준비되어 있답니다. 그중 벌꿀 무료시식코너도 있습니다. 여러 종류의 벌꿀을 직접 시식해본 뒤 현장에서 바로 구매하실 수도 있답니다.

::칠곡군 가산면 다부동에 있는 전적비

다부동 전적비는 6·25 한국전쟁 당시 미군과 함께 북한군 3개 사단을 적멸한 다부동전투를 기리기 위해 세운 기념비입니다.

주야간 아홉 번이나 그 주인이 바뀔 정도로 치열한 전투가 벌어졌던 곳이며, 당시 이 837고지는 대구 진입로를 방어하는 최고 요충지였습니다. 특히 유학산은 아홉 번, 328고지는 무려 열 다섯 번이나 고지 주인이 바뀌었다고 합니다.

인민군 제13사단이 먼저 점령한 고지를 국군 제1사단 12연대가 1대 3의 수적 열세를 딛고 탈환하였고, 이 전투를 치르면서 매일 수백명의 젊은이들이 목숨을 잃었습니다.

이 건물은 1995년 6월 24일 다부동전투 희생용사들의 넋을 기리는 추모제 행사 시 김영삼 대통령이 직접 참석하신 가운데 구국용사 충혼비 제막식과 함께 구국관으로 명명되어 준공기념 행사를 가진 바 있습니다. 저 멀리 유학산은 6·25 사변의 아픔을 간직한 채 오늘도 묵묵히 자리를 지키고 있네요. 유학산등산로도 준비되어 있답니다.

●**등산경로** 유학산휴게소 주차장-도봉사-쉼터(4곳)-헬기장-839고지(유학정)

●**등산거리 및 소요시간** 1.5km [50분~60분 소요]

다부동에서 대구 방향으로 내려오다가 보면 우측에 자리한 안상규 벌꿀 판매장이 보입니다. 우리에게 벌 수염 사나이로 많이 알려진 안상규씨. 기네스북에 벌 수염맨으로 등재되어 있습니다.

대구 방향으로 내려오는 길에 잠시 들러서 벌꿀을 구매하셔도 좋을 듯합니다. 매장 안에 벌꿀차 코너가 있어서 마실 수 있는 공간이 있었는데 지금은 추석 선물 행사로 인해서 매장 안에 벌꿀차 코너가 잠시 폐쇄되었다고 합니다.

::칠곡군 동명면 구덕리에 자리한 송림사

대한불교조계종 제9교구 본사인 동화사의 말사입니다. 신라 진흥왕 때 진(陳)나라 사신이 명관대사와 함께 불서(佛書) 2,700권과 불사리(佛舍利)를 가지고 왔는데, 이것을 봉안하기 위해 세운 절입니다. 이때 호국안민을 위한 기원보탑을 세웠다고 합니다. 1092년(선종 9) 대각국사 의천이 중수하고, 1235년 몽골의 3차 침입 때 전탑만 남고 폐허가

되었습니다. 그 뒤 중창했으나 1597년(선조 30)에 왜병들의 방화로 다시 소실된 것을 1858년(철종 9) 영추(永樞)가 다시 중창하여 오늘에 이르고 있습니다. 현존 당우로는 대웅전·명부전·요사채 등이 있습니다. 대웅전 앞의 5층전탑은 보물 제189호로 지정되어 있으며,

1959년 탑을 해체·수리할 때 많은 유물이 발견되었습니다.
벽돌로 만든 탑 중에 우리나라 보물로 지정되어 있으며 제일 오래된
탑으로 알려져 있답니다. 송림사 외부에 쌓여진 돌담도 정겨움이 함
께 합니다.

5층전탑은 보물 제189호로 지정되어 있으며,
1959년 탑을 해체 · 수리할 때
많은 유물이 발견되었습니다.

●소재지 경북 칠곡군 가산면 가산리 산98-1 **●시대** 조선시대

임진왜란(1592)과 병자호란(1636)을 겪은 후 잇따른 외침에 대비하기 위해서 세워진 성입니다. 성은 내성·중성·외성을 각각 다른 시기에 쌓았고, 성 안에는 별장을 두어 항상 수호케 하였습니다. 하양, 신령, 의흥, 의성, 군위의 군영과 군량이 이 성에 속하며 칠곡도호부도 이 산성 내에 있었습니다. 내성은 인조 18년(1640)에 관찰사 이명웅의 건의로 쌓았습니다. 중성은 영조 17년(1741)에 관찰사 정익하가 왕명을 받아 쌓은 것으로 방어를 위한 군사적 목적이 큽니다. 중요 시설은 내성 안에 있으며, 중성에는 4개 고을의 창고가 있어 비축미를 보관해서 유사시에 사용하게 하였습니다. 외성은 숙종 26년(1700)에 왕명에 의해서 쌓았습니다.

성은 외성 남문으로 들어가게 되고, 성의 주변에는 송림사를 비롯한 신라 때 절터가 많이 남아 있습니다. 1960년의 집중 폭우로 문 위쪽의

가산산성은 험한 자연지세를 이용한
조선 후기의 축성기법을 잘 보여주고 있는
대표적인 산성입니다.

무지개처럼 굽은 홍예문이 파손되고 성벽의 일부가 없어졌으나 그 밖에는 원형대로 보존되어 있습니다. 가산산성은 험한 자연지세를 이용한 조선 후기의 축성기법을 잘 보여주고 있는 대표적인 산성입니다. (위 내용은 문화재 검색에서 발췌했습니다.)

가산산성은 야영장과 등산로가 있어서 산악인의 많은 사랑을 받는 곳입니다.

이렇게 칠곡군을 여행하시고 나면 금강산 식후경이라고 했듯이 이제 맛집을 탐방해볼까 합니다. 칠곡군에는 맛집이 많이 있습니다. 특히 팔공산에는 오리고기집이 많이 영업을 하고 있습니다. 특히 임제 유황오리가 팔공산의 오리고기 원조가 아닐까 합니다.

하지만 오리고기는 많은 식당에서 취급하고 있으므로 오리고기집을 빼고 서민적인 먹거리를 찾아보도록 하겠습니다. 그중에 고가의 음식보다는 서민적인 음식점을 추천해봅니다.

옛날 얼큰이 손수제비

칠곡군 동명면 대구은행 연수원 맞은편에 자리한 집. 얼큰이 칼국수로 방송에도 방영된 곳입니다.

얼큰하고 칼칼한 맛은 푸짐한 양과 해물의 깊은 맛과 육수의 시원한

맛이 어우러져 풍성한 맛이랍니다.

방송 출연 관계로 많은 사람들이 찾으므로 식사 시간대에 이용하시면 줄을 서서 기다려야 하는 불편함이 있습니다. 주말이나 식사시간을 피하시는 게 유리합니다.

가격: 얼큰이 칼국수 5000원, 얼큰이 칼제비 6000원

명가 돌솥 쌈 한정식

칠곡군 동명면에 기성삼거리에서 한티재 방향 400미터 좌측에 자리한 명가 쌈 한정식.

1인당 만원의 한정식으로 24가지 이상의 찬이 나옵니다. 푸짐한 밥상의 가격에 놀라고 음식에 놀라는 집입니다. 많은 사람들이 이용하는 관계로 도착 전에 미리 예약을 하는 게 유리합니다.

전통묵밥

기성 삼거리 구길로 접어들어 한티재 방향으로 올라가면 좌측편에 보이는 집. 할머님이 직접 쑤신 메밀 묵밥이 유명한 집입니다. 막 구워 내어주시는 감자

전도 고소하니 참 맛나답니다.

가격: 메밀묵밥 5000원, 감자전 5000원

시인과 농부

각종 식물로 아담하고 소박하게 꾸민 정원이 고향집에 온 듯한 푸근함과 정겨움을 주는 집. 각종 안주류가 준비되어 있고 술을 함께 팝니다. 간단하게 들러서 차 한잔의 여유를 부려보는 것도 좋은 집이라 생각 합니다.

가격: 토마토 쥬스 한 잔 6천원

고기 먹고 갑시다

칠곡군 동명면 송림사 구길로 접어들어 300미터 좌측에 자리한 집. 저렴한 한우 고기를 맛볼 수 있으며 깔끔한 밑반찬이 나름 돋보이는

집이랍니다.
1인당 상차림비 2000원 별도

곤드레 나물밥

칠곡군 동명면 동명네거리에서 송림지 방향 우측 두번째 집으로, 곤드레 나물밥과 곁반찬이 특색 있고 맛납니다. 밥을 다 먹고 난 후에 돌솥에서 떼어 먹는 누룽지 맛이 일품입니다. 칠곡군을 주제로 볼거리, 먹거리를 정리해 봤습니다. 물론 더 맛나고 좋은 집이 많습니다. 제가 소개한 맛집은 서민들이 가볍게 자주 찾아 갈수 있습니다. 좋은 시간 되시길 바랍니다.
가격: 1인당 1만 2천원

약이 되는 음식을 만드는 집
약선당

경북 블로그 여행 동상 _ 이해성 ▼

소백산 하늘 가까운 곳.
바른 먹거리 찾기에 앞장선다는 경북 영주의 약선당을 찾았다.

얌전한 **물김치**가 제일 먼저 나를 반긴다.
매콤한 청양고추를 넣은 물김치가 톡 쏘면서
시원한 맛이 식전 입맛을 돋군다.

샐러드는 싱싱하게
살아있는 채소에
사과 소스로 맛을 살렸다.

한입 가득. 너무 욕심냈나?
야채의 신선함이 입 속에서 느껴진다.

녹두를 갈아
지짐을 한 녹두전.
식감이 바삭하면서 부드럽다.
간장을 찍어 먹으면 고소하다.

표고버섯을 튀겨서
표고탕수를 만들었다.
고기 대신 표고버섯을
사용하니 기존 탕수육과
다른 맛이다.
느끼하지 않고 맛이
깔끔해서 좋다.

한식 요리에 빠질 수 없는 잡채.
얌전한 지단이 노랗게 위에 올려져
더욱 맛깔스럽다.
너무 달지도 않고 짜지도 않고
은은한 맛이다.

도토리묵.
기존 도토리묵보다 흰빛이
더한 것 같고 맛은 부드럽다.
살짝 양념간장을 끼얹어 나온다.

영주의 유명한 떡갈비.
옛 임금님들이 즐겼다는 떡갈비다.
한 점 집어 입안에 넣고 고기 맛을 음미해 본다.
여성들이나 아이들 그리고 이가 안 좋은 노인들도
모두 좋아할 듯한 메뉴이다.
따끈하게 구워 나와 씹으면
육질의 고소함이 입속 가득 퍼진다.
입안 가득 행복이 터져 나온다.

더덕 장아찌. 옆에 곁들인 잎새로 인해
눈도 즐겁고 입도 즐겁다.

한국사람 입맛을 사로잡은 김치도
빼놓을 수 없다.

인삼, 견과류 정과.
고소하고 달짝지근 쌉사름하기도 하고
반찬이라기보다 간식처럼 맛있다.

누구나 좋아하는 머위볶음이다.

하얀 들깨가루를 넣고 기름에 볶아

고소하여 모든 사람들이 좋아하는

나물볶음이다.

취나물 무침이 깔끔하다.

조기 세 마리가 구워져 나왔다

나물과 고들빼기김치

기존 밑반찬들

이건 깻잎인 줄 알았더니 아니었다.
뭐였을까? 향기도 좋고
참 맛있던데 이름을 못 물어봤다.

삼삼한 된장찌개
사진이 살짝 흔들렸다.

잡곡밥이다.
몸에 좋은 흑미와 기장,
잡곡을 섞었다.

마지막으로 인삼 수정과.
인삼 몇 조각 둥둥 띄운
수정과가 멋스럽다.

여행길에서 좋은 맛집을 만나면
행복이 두 배가 된다.
더구나 그 음식이 몸에 들어가 약이 된다니
말만 들어도 기운이 샘솟는 듯하다.
경북 영주 관광을 생각한다면
꼭 들러보시기를 권한다.

약선당 특정식 15000
경북 영주 약선당은 24시간 온라인으로
예약을 받고 있다고 한다.

약선당 054-638-2728
경상북도 영주시 봉현면

太白山浮石寺

대가야의 삶을 느낄 수 있는 고령 인삼 도토리묵

경북 블로그 여행 동상 _ 한선희 ▼

실망을 시키지 않고 이날도 한 더위 하는 7월 마지막 주. 그래도 아직은 아침저녁으로는 시원해서 좋습니다. 제1회 경북 블로그 대회를 한다는 소식을 듣고. 부모님과 저는 가까운 고령으로 떠났습니다.
고령을 가기 전에 고령에 대해 이것저것 알아보았는데, 그 순간도 저에겐 두근거리는 일이었네요. 이렇게 고령에 볼 것과 먹을거리가 많은 줄 몰랐습니다.
고령은 그냥 다른 곳을 가기 위해 지나갔을 뿐이었는데 이렇게 고령을 목적으로 가는 건 처음이라 떨리고 두근두근거립니다. 대구에서 28년을 살면서 이렇게 좋은 곳이 있는 줄 몰랐다니, 정말 안타까운 일입니다.
하지만 지금부터 열심히 경북의 맛과 미를 찾아 다니면 된다는 것자, 고령으로 떠나볼까요?

대구에서 국도로는 약 한 시간, 고속도로로 가면 약 30분 정도 걸리는 고령은 대구에서 가까운 곳입니다. 우리는 국도로 고령에 도착했습니다.
먼저 우리 식구가 간곳은 '개실마을' 입니다.

::개실마을

개실마을은 농촌체험과 한국전통체험, 대가야역사체험 등 어린이들과 외국인들이 체험을 할 수 있는 좋은 곳입니다. 이날도 외국인들이 하룻밤 지내고 나가는 걸 볼 수 있었습니다. 역사가 깊고 인심 좋은 개실마을은 입구부터 여러 다른 외국어로 된 환영인사 문구가 우리를 반겨줘서 인상깊었습니다.

현재 62가구 정도 살고 있고 조선 전기 영남 사림파의 종조인 점필재 김종직(1431~1492) 선생의 후손들이 사는 집성촌으로 전통을 이어가고 있는 곳입니다.
무오사화 때 화를 입은 점필재 김종직의 5대손이 1650년경에 이 마을로 피신 와서 은거하며 살 때, 꽃이 피고 골이 아름다워 아름다울 가(佳) 골 곡(谷)을 써서 가곡이라 했고, 또 꽃이 피는 아름다운 골이라 하여 개화실이라 하였는데, 음이 변하여 개애실이 되고 개애실마을 중 아랫마을이라 하여 아릇개실 하가 또는 하가곡이라 합니다.
개실마을은 점필재 김종직 종택 등이 있는데. 안채에는 사람들이 살고 있나 봅니다. 그래서 오전 10시 이후부터 관람이 가능하다고 합

개실마을은 농촌체험과 한국전통체험,
대가야역사체험 등 어린이들과 외국인들이 다양한
체험을 할 수 있는 좋은 곳입니다.

니다. 그래서 조용히 둘러보고 나왔습니다.

별을 볼 수 있는 곳인데 시원한 바람이 불 때 누워서 맛난 수박과 옥수수를 먹으면서 별 구경하고 싶네요. 별에 대해 자세한 설명을 볼 수 있는 곳도 있답니다.

앞으로는 소화천이 흐르고 있어요. 소화천에서는 마을 주민이 무언가를 잡고 계시더군요.그렇게 깊지 않은 물이었습니다.

더운 오늘 같은 날 발이라도 담그고 싶더군요. 마을뒤에는 화개산과 대나무숲이 있어요.

화개산은 시간상 못 가보고 멀리서 한번 보고 갔네요. 아쉽지만 다음 기회에 다시 와서 가보도록 해야겠어요. 개실팜스테이도 가능합니다. 자녀나 조카분들과 같이 손잡고 개실마을로 오세요. 자세한 내용은 밑의 홈페이지를 참고해주세요.

개실마을 홈페이지 주소: www.gaesil.net

: :대원식당

구경을 열심히 하니 배에서 배고프다고 꼬르르 합니다. 개실마을에서 그렇게 멀지 않은 곳에 있는 '대원식당'으로 갔습니다. 이곳이 오늘 우리의 주 목적지입니다.

고령에는 다른 유명한 음식들도 있지만 저에게 가장 인상 깊었던 음식은 '도토리묵수제비'였습니다. 그래서 도토리묵수제비를 맛있게 하는 식당을 검색했는데 '대원식당'이 유명하다고 나오더군요. 그래서 이곳으로 갔습니다.

위치는 가야대학교 지나 26번 국도로 쌍림면 쪽으로 가다 보면 쌍림 중학교 바로 옆에 있습니다. 도로변에 있어 찾기 쉬울 겁니다.

점심시간을 피해 찾아가서 그런지 손님들은 다행히 많이 없었습니다. 경북 고령에서 꽤 이름이 난 곳이에요. 시간대를 잘 못 맞추면 줄 서서 기다려야 한다고 하더군요.

우리는 운이 좋았나 봅니다. 바로 자리에 앉아 먹을 수 있었으니 말

이에요. 대원식당 앞엔 큰 공터가 있어 주차문제는 신경 안 써도 됩니다.

저는 더위를 많이 타서 더운날에는 뜨거운 걸 잘 먹지 않는데요. 이날 뚝배기에 뜨거운 도토리묵 수제비가 나오니 먹기 힘들지 않을까 걱정했는데 다행히 실내가 시원해서 뜨거운 거 먹어도 지장이 없었어요.

그래서 음식을 즐기면서 맛있게 먹었답니다. 홀에 몇 개 긴 테이블이 있고 방에 자리가 있구요. 들어오는 입구에서 오른쪽에 화장실이 있고 그쪽 방에 자리가 있더군요. 홀에 있는 긴 테이블이 넓어서 편하게 먹을 수 있었답니다. TV에 출연한 대원식당. 그만큼 소문이 나고 맛이 있다는 얘기겠죠?

정말 TV에 나올만 하더군요. 먹으면서 우와우와~라고 감탄을 연발했으니 말이죠. 가격대비 정말 좋습니다. 양도 푸짐하고 어디가서 이 가격으로 먹을 수 없을 것 같아요. 짠돌이 우리 아부지도 흡족한 가격이였다고 하니 말은 다한거죠.

음식을 시키니 기본찬이 나옵니다. 기본찬도 깔끔하고 맛도 있어요. 부모님께서 깻잎이 유독 맛있다고 하네요.

인삼 콩나물해장국 6000원

대원식당에서 유명한 음식 중 하나인 인삼 콩나물해장국.

먼저 서빙해주실 때 테이블에서 계란을 깨트려 주십니다. 전 순두부찌개에만 날계란 넣는 줄 알았는데 여기도 넣네요, 하하.

그리고 잣, 은행, 인삼, 대추가 들어가 있어 한그릇 뚝딱 하면 건강을 먹는 것과 같아요.

어느 블로그 포스팅에서 국물이 쇠고기 육수라고 하던데 맛보니 정말 쇠고기가 맞네요. 고기가 들어갔는데 이 고기 이름은 잘 모르겠어요. 엄마가 메뉴에 꿩만두가 있으니 꿩고기가 아니냐 라고 하시는데, 미리 알아본 정보로는 쇠고기 사태살이라 하기도 하고…. 확실

히 물어본다는 걸 깜박했습니다. 여기 고기가 우리가 먹은 인삼 도토리 수제비 고기랑 다르더군요. 국물을 잘 안 드시는 엄마인데 국물맛이 진국이라 바닥 보일 정도로 다 드셨어요.

인삼 도토리 수제비 6000원

아빠랑 제가 시켜먹은 인삼 도토리 수제비, 전 도토리묵을 몇일 말려서 넣는 줄 알았는데 토도리 가루를 이용해서 수제비를 만드나 봅니다. 쫄깃쫄깃한 것이 정말 맛나네요.

태어나서 처음으로 맛본 맛이네요. 여기도 만찬가지로 인삼, 대추, 잣, 은행이 들어 있어서 그런가 한약을 넣은 맛 같기도 합니다. 제가 좋아하는 버섯도 한가득. 밥까지 같이 나오니 든든하게 한끼 식사로 괜찮아요. 고기가 덩어리로도 있고 채썰어진 것도 있던데 아마도 쇠고기 사태살이 아닌가 생각합니다. 뚝빼기로 나와서 다 먹을 때까지 맛나게 드실 수 있어요.

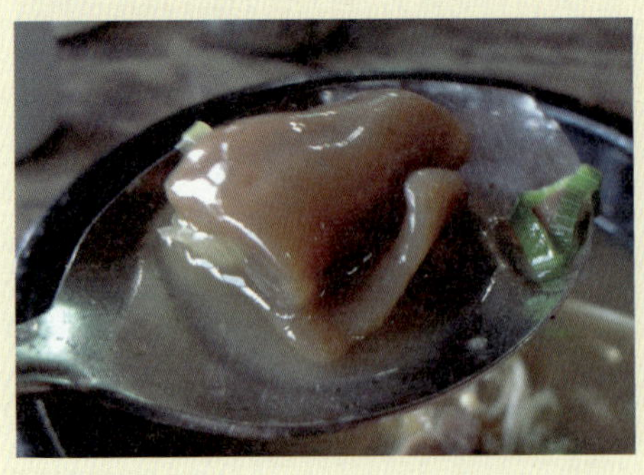

꿩 찐만두 6000원

꿩으로 만들었다기에 신기해서 시켜보았습니다. 가격에 비해 양이 적네요. 큰 기대하고 갔는데 약간 실망이 남습니다. 다른 만두랑 비슷한데 고기 대신 꿩고기를 넣은 것 같아요. 맛은 일반 고기만두랑 비슷합니다. 저희 테이블에서 먹고 있으니 앞테이블도 시켜서 드시네요. 하하~

● 경북 고령군 쌍림면 귀원리 1-4 ● 054-955-1500,1516

● 주차공간 있음, 후식은 미니자판기 밀크커피

점심을 맛나게 먹고 찾은 곳은 대가야 박물관과, 왕릉박물관, 지산동 고분지입니다.

: :대가야 박물관

대인 입장료 2000원이며 기계에서 표를 뽑더군요. 안내원이 있어 직접 표를 뽑아주시고 자세한 설명도 해주십니다.

궁금한 점은 물어보시면 될 것 같아요. 표는 고령에서 대가야박물관, 왕릉전시관, 우륵박물관에서 공동으로 사용가능합니다.

우륵박물관은 여기서 차 타고 5분 거리라고 하네요. 저희는 시간이 없어 사진을 못 찍게 해서 내부는 못 찍었어요.

대갸야 역사를 한눈에 볼 수 있더군요. 저보다 엄마께서 더 좋아하셨어요. 이런 역사박물관 오는 걸 좋아하시는데 이때까지 자주 같이 못 와서 미안하더군요.

다음에는 자주 역사박물관이랑 이곳저곳을 같이 다녀야겠어요. 어린이 체험관도 있어요. 구경 중에 유치원생들이 귀엽게 체험중이더군요. 끼어서 같이 체험하고 싶었지만 참았습니다.

: :왕릉박물관

대가야 박물관 오른쪽에는 왕릉전시관이 있습니다. 작은 언덕을 올라가면 왕릉박물관이랑 지산동 고분지가 한눈에 보입니다.

역시 박물관 내부는 촬영금지라 눈으로 담고 왔어요. 여기서 한번 더 순장에 대해서 알게 되었습니다. 안타깝기도 하고 신비롭기도 하고 그렇네요.

자세한 내용은 박물관 홈페이지를 이용해보세요.

●대가야 박물관 홈페이지 www.daegaya.net

: :대가야 박물관 도로 건너편에 있는
'대가야 역사 테마파크'

입장료는 3000원입니다. 건물 안에 들어가시면 매표소가 있어요.

매표소가 있는 건물 이름은 가야산성입니다.

산성 형태의 건물로 종합안내소 및 매표소, 관리사무실, 전시관, 휴게공간 등이 있습니다. 들어가면 안내판이 보이는데 왕관이나 장신구에 사용하였던 태아를 상징하는 곱은 옥모양으로 만들어졌어요

많은 곳이 있지만 그중에 몇 개 빼고 소개합니다. 매점은 없고 식당도 없고 자판기만 몇 군데 있더군요. 매점도 있었으면 좋겠다고 생각했어요. 펜션 이용 시 필요한 것들을 미리 다 사서 오셔야 할 듯 싶어요. 어느 블로그 포스팅을 보니 음식점 전화번호 적힌 곳도 있다더군요. 실제로 배달 온 모습도 봤다고 합니다.

●대가야 역사 테마파크 홈페이지 www.daegayapark.net

청동기 시대의 바위 그림
대가야인들이 바위에 벽화를 많이 그렸다고 합니다.

4D 대가야 입체 영상관

여긴 따로 입장권을 내야 합니다. 대가야의 건국신화와 철의왕국 대가야를 주제로 한 입체영상으로 스릴과 신비감을 느낄 수 있어요.

고대 가옥촌 대가야 유물 체험관

대가야인들의 의식주 생활을 영상 및 음향 연출로 엿볼 수 있어요. 이 건물 건너편엔 철기 모양 등 다른 체험관도 있어요.

물놀이장

정말 제가 20년만 젊었더라면 저기에 풍덩 할 것을…. 안타깝네요. 근데 아이들 수에 비해 수영장이 너무 작은 것 같아요. 재미나게 노는 모습만 봐도 더위가 조금 사라집니다.

대가야 탐방 숲길

왕관 모형의 탐방 숲길을 거닐며
대가야 퀴즈를 풀어보는 특색 있는
역사의 신 교육장. 정말 저는 길
찾기 헷갈리던데 저희 엄만 잘 찾
더군요. 재미있어요.

바닥 분수

한여름 무더위를 식힐 수 있는 바
닥 분수!! 정말 시원하더군요. 옷만
가져왔으면 여기서 놀다 가려고
했으나 여기도 아이가 많아서 어
른인 저는 참았어요. 보기만 해도
시원합니다.

대가야 펜션

펜션도 있네요. 펜션 이용
시 입장료는 무료라고 합니
다.예약하시고 이용하세요.

이날 우연히 알게 된 사실이 있어요. 고령 장날이더라고요.

그냥 갈 수 없는 법!

고령 장날은 4, 9일입니다. 그러니까 4일 9일 14일 19일 24일 29일에 장을 여는데 이날이 29일이라 마침 장날인 거죠. 시장 입구에 공용주차장이 있다고 하네요.

근데 우리는 못 찾아서 주차비 1000원 주고 주차했어요. 많은 사진은 못 찍었습니다. 고령시장 정말 컸어요. 일반 도시 시장보다 컸어요. 시장 구경하는 거 좋아하는 우리 가족인데 정말 덥지만 이리저리 구경 다 하고 갔어요.

이날은 중복이라 닭집 앞에 사람들이 많았습니다. 먹는 거 앞을 그냥 못 지나치는 우리 가족!! 콩국물 먹어주고 핫바 옥수수 등등 먹었는데 시장 오면 먹는 재미가 있어 너무 좋습니다.

인심이 느껴지는 고령 시장. 이날 운이 정말 좋았네요. 다른 날에 왔
으면 고령시장 구경도 못 하고 그냥 지나칠 뻔했어요.
대구에 없던 젓갈이 있다고 아버지가 좋아하시네요. 양손 한가득 사
들고 국도를 이용해 대구로 돌아왔습니다.

더웠지만 우리 가족이랑 함께했던 시간 너무 재미있고 소중한 추억
으로 남을 것 같아요. 고령에 대해 많은 것을 알게되었고, 저의 블로
그로 인해 많은 사람들이 고령에 대해 그리고 경북 맛과 미를 알게
되었으면 좋겠습니다.

세도가들의 입맛을 사로잡은
안동 간고등어

경북 블로그 여행 동상 _ 김성은 ▼

::전통문화콘텐츠박물관

유물 하나 없는 요상하고도 흥미진진한 곳

편안할 안(安), 동녘 동(東) 경북 안동. 여행지를 꼽는다면 하회마을이 있겠고 먹거리라고 하면 안동 간고등어가 떠오른다. 또 뭐가 있을까 기억을 더듬는데 한참이 지나도 쉽게 생각이 나지 않았다. 그럼에도 워낙 유명한 하회마을이기에 안동이라는 지역은 매력적이었다. 서울에서 3시간 정도 밖에 걸리지 않았는데 평소 실제보다 훨씬 더 먼 곳으로 느끼고 살았던 것 같다.

안동이 주는 이미지가 워낙 고고했던 탓이다. 턱 아래까지 기른 허연 수염을 쓰다듬으며 나를 향해 '여봐라~'를 외칠 것 같은, 내 머

릿속 어딘가 있었던 시대착오적인 상상 때문인지도 모르겠다. 막상 도착한 안동은 창밖으로 브랜드 아파트와 고층빌딩이 스쳐 지나가는 풍경이 여느 도시와 비슷했다. 그리고, 여기 전통문화콘텐츠박물관이라는 다시 한번 얼토당토 않았던 내 상상에 현실을 제대로 알려주었다. 박물관 하면 유물을 고이 모셔놓은 곳인데 여기는 그런 유물이 전혀 존재하지 않는 요상하고 재미있는 박물관이다.

박물관에 들어가면 컴퓨터에 이름과 자신의 이메일을 적는다. 그리

고 들어오면서 플라스틱 카드를 하나씩 받는데 그 카드에 자신의 정보가 자동으로 들어가게 된다. 이 카드를 갖고 다니며 박물관을 구경하다 소유하고 싶은 정보를 발견했을 때 카드만 갖다 대면 자동으로 본인의 이메일로 그 내용이 자동 전송된다.

볼펜과 수첩이 필수였던 옛날도 있었고 요즘은 팸플릿을 잔뜩 집어들고 나오는데 이곳에서는 참 다르다.

특히 입체영상관은 꼭 들려봐야 한다. 안동의 역사를 애니메이션으로 볼 수 있는데다 3D입체라 마치 영화 〈반지의 제왕〉을 보는 것 같은 웅장함과 현실감을 느낄 수 있다.

::안동 간고등어

부패하기 직전 소금으로 간을 하다

안동은 지리적으로 바다가 가깝다고 볼 수 없는 위치이다. 그럼에도 안동을 대표하는 먹거리가 고등어가 된 것이 아이러니가 아닐 수 없다. 물론 그냥 고등어는 아니고 그 앞에 '간'고등어라는 말이 붙기 때문에 가능한 일이었다.

이동수단이 발달하지 않았던 시대에는 가장 가까운 바다인 강구나 축산, 후포 등에서 고등어를 가져오면 통상 이틀이 걸렸다고 한다. 생선은 본래 상하기 직전에 나오는 효소가 맛을 좋게 하기 때문에 운반 도중 소금간을 하여 맛을 좋게 하면서도 상하지 않고 안동까지 가져올 수 있었다고 한다.

그런데 이렇게 유명한 안동 간고등어가 만들어진 것은 기세등등한 세도가들이 유난히도 많았던 안동이기에 가능한 일이 아니었을까 싶다. 이들이 한양에서 벼슬을 할 때 먹었던 생선 맛을 그리워하여

간고등어가 탄생하지 않았을까 싶기 때문이다. 그렇기에 이런 먹거리 하나에서도 안동의 위풍당당함이 느껴진다.

안동 간고등어는 다른 간고등어, 즉 자반고등어에 비해 가격이 비싼 편이지만 그만큼 육질이 단단하고 크고 맛이 좋다. 요즘은 해외로 수출하는 양도 어마어마하다고 하니 그 옛날 선비의 고귀한 입맛이 탄생시킨 간고등어의 위대함을 느낀다.

참마 역시 안동의 특산물이다. 안동 참마는 교통과 식당이 발달하지 않았던 시절 먼 길을 갈 때 식사대용으로 이용되었다고 한다 최근 참마가 식사 대용 건강식으로 각광받고 있는 것을 보면 옛날 사람들이 참 용하다는 생각이 든다. 참마는 특유의 끈적한 점액질이 있어서 먹기 힘들기도 하지만 요즘은 만쥬처럼 다양한 먹거리로 개발되어 나오고 있다.

::월영교

450년 전 그리움이 사무치는, 월영교

달빛이 호수에 비치면 한폭의 동양화를 그린 것 같다고 하여 2009년 운치를 더하고자 만들어진 다리인데, 450년 전 이 지역에 살았던 이

응태 부부를 기념하는 의미를 담았다고 하니 그 이야기를 하고 싶다. 택지 조성을 위해 주변을 정리하다 분묘를 이장하게 되었는데 그 안에서 죽은 남편에게 보내는 아내(원이엄마)의 사연이 담긴 편지 한 장도 나왔다.

이응태는 명종 11년(1556)에 태어나 선조 19년까지 31년을 살다가 일찍 세상을 떠난 사람이다. 사랑도 그리움도 원망도 절절히 느껴진다.

당신 일찍이 제게 말하기를,

둘이 머리가 희도록 함께 살다가 죽자고 하시더니

어찌하여 저를 두고 당신 먼저 가셨습니까.

저와 자식들은 누가 보살피며 어찌 살라 하고 다 버리고

당신 먼저 가셨습니까.

당신은 저에게, 저는 당신께 어떤 마음으로 살아왔습니까.

항상 함께 잠자리에 누워서도 당신께 제가 말하기를,

'이 보소 남도 우리 같이 서로 가엽게 여기며 사랑할까요,

남도 우리 같은가요.' 하고

당신께 말했는데 어찌 그런 일들을 생각지 아니하고

저를 버리고 먼저 가셨습니까.

당신과 사별하고 아무려나 저는 살 수가 없으니

어서 당신께 가고 싶습니다.

저를 당신 곁으로 데려가소.

당신 향한 마음 잊을 날이 없고 서러운 뜻은 끝이 없습니다.

이내 마음 어디다 두고 자식들 데리고 당신을 그리워하며

어찌 살아야 할까요.

제 편지 보시고 내 꿈에라도 찾아오시어 자세히 알려주소.

꿈에라도 당신 말씀 듣고자 이리 적으니 자세히 보시고

저에게 말씀해 주세요.

제 뱃속에 있는 자식 낳거든 누구를 아버지라 하며 살아야 합니까.

어찌한들 이 세상 이 하늘 아래 내 마음 비할 데가 있겠습니까.

당신은 다만 저세상에 계실 뿐이니, 어찌 내 마음 같이 서럽겠습니까.

이 설움 끝이 없어 다 쓰지 못하니 이 편지 보시고

제 꿈에 꼭 오시어 자세히 일러주소.

저는 꿈에라도 당신을 보리라 믿고 있습니다. 몰래 오십시오.

할 말은 그지없으나 이만 적습니다.

무덤 안에서는 편지와 함께 남편의 쾌유를 비는 마음으로 자신의 머
리카락과 삼줄기로 삼은 미투리도 있었다고 한다.

미투리는 보통 삼이나 모시 또는 노끈 따위로 삼은 신으로 일반적으
로 서민층의 남녀가 사용했는데 월영교의 나무 색상이 미투리 색과

비슷하고 난간과 휴게공간이 미투리 윗부분과 뒤꿈치 부분과 닮은
꼴로 만들어 놓았다.
이외에도 월영교에는 자동 감지장치가 설치되어 있어 월영교 방문
인원을 체크할 수 있는 계수기가 설치되어 있다고 한다.

: :천광운영대

지금도 변하지 않은 것은 하늘빛과 구름 그림자.
도산서원으로 가는 발길 옆으로는 낙동강이 굽이굽이 흐르고 있었
다. 하늘빛과 구름 그림자라는 천광운영대. 이름 참 잘 지었다.
그 아득한 과거부터 지금에까지 강물과 하늘은 변하지 않고 그 시대
사람과 나를 엮어주는 끈이 되어주었다. 지금도 있으려나, 10년 전
쯤 찾았던 하늘을 닮은 호수라는 이름을 갖고 있던 한 카페가 문득
떠오른다.

공부 좀 해라~ 하는 음성이 어디선가 들리는 것 같아

천광운영대부터 도산서원까지의 공간은 무척 넓은데다 안동에서의 일정을 모두 포기하고 하루종일 여기에 머문다고 해도 이상할 것 하나 없을 만큼 느낌까지 좋았다.

옆구리에 두툼한 책을 끼고 여기저기 발 닿는 대로 거닐다가 따스한 마루에 앉아 나무향 맡으며 책 속에 빠져들고 싶은 고즈넉한 분위기가 사람을 취하게 만들었다. 어쩌면 퇴계 이황 선생께서 나를 보시고는 '얘는 공부 좀 해야겠군' 하고 나를 콕 찍어 그런 기분이 들었는지도 모를 일이다.

도산서원 현판에 얽힌 옛이야기를 들었다. 선조는 한석봉에게 도산서원(陶山書院)의 현판을 쓰라고 하면 다른 사람에게 양보할 것이라

짐작하고 불러주는 글자를 뒤에서부터 앞으로 써야 한다고 명령했다고 한다.

그렇게 한석봉은 아무것도 모른 채 글을 한자씩 적다가 마지막 한 자인 도(陶)를 들고는 자신이 도산서원의 현판들 쓴다는 사실에 손이 떨려 글자가 흔들렸다고 한다.

지금도 질그릇 도(陶)자가 떨린 것을 볼 수 있다고는 하지만 실제로 자세히 봐도 내 눈에는 '어디가…?' 하는 정도였다. 도산서원은 건축물 구성면으로 볼 때 크게 도산서당과 이를 아우르는 도산서원으로 구분되는데, 도산서당이 퇴계선생이 몸소 거처하면서 제자들을 가르치던 곳이고, 도산서원은 퇴계선생 사후 건립되어 추증된 사당과 서원이다.

도산서당은 1561년(명종 16)에 설립되었다. 퇴계선생이 낙향 후 학문연구와 후진양성을 위해 지었으며 서원 내에서 가장 오래된 건물로 퇴계선생이 직접 설계하였다고 전해진다.

::봉정사

순수하고 따뜻한 느낌

이제까지 본 사찰 중 가장 예쁜 곳이었다. 파도와 강물에 휩쓸려 다니며 모난 구석은 깎여나가고 다음어져서 누구의 손에나 곱게 만져지는 조약돌 마냥 순수하고 따뜻한 느낌을 주었다.

봉황이 머물렀다 하여 봉정사(鳳停寺)라 했다는데 이곳에는 우리나라에서 가장 오래된 목조건물이 있다.

극락전(極樂殿)은 아미타불을 주불로 봉안한 전각으로 무량수전 혹은 아미탄전이라고도 한다. 봉정사의 극락전은 고려시대에 건립하

여 현존하는 최고(最古)의 목조건물로 정면 세 칸, 측면 네 칸으로 되어 있고 국보 제15호이다. 지금 남아 있는 오래된 목조건물은 고려시대의 것들로 남과 북을 합쳐도 열 채 남짓한 정도라고 한다.

연대는 건축물을 지을 때 나무를 조립하기 전에 상부의 구조물에 상량문이라는 기록을 넣어두는데 그것을 근거로 알 수 있다고 한다. 또, 연대가 밝혀진 건축물 중 가장 오랜된 것은 수덕사의 대웅전으로 1308년 즈음으로 나왔다고 한다.

보통 건물이 세워진 지 150년에서 200년 후쯤 낡고 헌 것을 손질하게 되는데 1970년대 들어서서 봉정사의 극락전을 해체 복원하던 중 부석사 무량수전보다 10년 정도 빠른 기록이 나왔다고 한다. 그러니까 앞으로 달라질 여지는 있다. 만세루(萬歲樓)는 보통 강당(講堂)과 같은 곳이다. 강당은 불교의 교설을 강의하는 곳으로 조선시대의 선종에서는 법당이라 불렀다.

신라 때까지는 모든 절에 강당이 반드시 있었지만, 조선시대에는 법당 앞에 있는 만세루 또는 보제루 등의 누각이 강당 역할을 대신하고 있으며, 모든 설법은 원칙적으로 이곳에서 행해졌다. 그래서 '설법전(說法殿)'이라 부르기도 한다.

불교의식은 중생들을 착한 길로 인도할 뿐만 아니라 그들을 해탈의 길로 승화시켜 준다. 이런 의식에는 반드시 장엄한 절차가 따르는데 그러기 위해서는 중생들의 심금을 울리는 신묘한 운율이 따르기 마련이다. 이때 쓰이는 법구를 의식구라 부른다.

범종은 소리로 중생이 번뇌를 끊고 깨달음을 얻도록 일깨우고, 기상과 식사와 취침 등의 신호로써 알려주는 도구로 제작되었다고도 한다. 법고는 모든 축생들이 고통에서 벗어나도록, 목어는 물속 생물을 제도한다는 의미를 담고 있다. 법고 오른편에 보이는 구름 모양의 청동 조형물은 운판이다. 이것은 날짐승을 위한 것이다.

오후 4시. 이제 슬슬 산을 내려가야 할 시간이다.

: :안동학가산온천

조선시대 여행길의 쉼터 두솔원이 있던 자리

따끈하게 몸을 데우는 걸 유난히 좋아하는 우리 민족에게 온천이나 찜질 가마가 있는 곳은 그야말로 관광명소가 된다. 그래서 2008년 9월에 개장한 학가산 온천이 그간 58만여 명의 입장객이 들었다는 것은 그리 놀랄만한 일이 아닐지도 모르나, 그만큼 안동시 자체에서도 다방면으로 홍보를 하고 다양한 서비스를 개발하여 관광객을 유치하려 했다는 것도 알 수 있었다.

건물 내에는 안동시 농특산물 직판장이 있는데 규모는 작아도 안동 고유의 다양한 먹거리가 준비되어 있어 쇼핑하는 재미도 볼 수가 있다. 오후 4시 54분. 낮게 내려앉은 구름, 다음날 친절하게도 비가 추적추적….

::하회탈

인생사 새옹지마라지만 참 다른 인간사

하회별신굿탈놀이 보존회의 류필기 선생께 탈에 대한 설명을 듣는 시간을 가졌다. 우리의 탈에 이런 사연이 담겨 있었다니 이럴 때 모르는 건 약이 아니라 안타까움 그 이상이다.

5세 이하의 집중력을 가지고 있는 나까지도 재미있는 말솜씨와 카리스마에 흠뻑 취해 시간 가는 줄 모르게 만들었으니 감탄스러울 따름이다.

그만큼 류필기 선생의 탈놀이에 대한 아낌없는 마음이 크다 느껴졌다. 참고로 콘텐츠박물관에 가 보면 류필기 선생의 모습을 볼 수 있다. 잘 찾아보시길…. 모든 공연이 그렇겠지만 이제 조금이나마 배워보니 알고 봐야 재미있는 것이 탈놀이지 싶다. 각각의 탈이 갖고 있는 이야기를 듣다가 할미탈에서는 코끝이 찡해 혼났다.

'하회탈'은 하회마을에서 전해져온다 하여 붙여진 이름으로 우리나라의 많은 탈 가운데 유일하게 국보(국 제121호)로 지정되어 있다. 하회탈은 양반, 선비, 백정, 초랭이, 중, 할미, 이매, 부네, 각시, 총각, 떡다리, 별채탈 등 12개와 동물 형상의 주지 2개(암주지 숫주지)가 있었다고 하는데 총각, 떡다리, 별채탈은 분실되어 전해지지 않고 있다.

양반탈_ 웃는 모습으로 한 눈에도 부드럽고 여유로워 보인다. 턱이 분리되어 있어서 표정이 잘 나타난다. 눈과 코가 뚫려 있다.

양반(양반탈을 쓴 광대)이 기분이 좋거나 하여 고개를 뒤로 젖히고 크게 웃는 동작을 취하면 이때 탈은 윗 얼굴과 아래턱이 크게 벌어지

며 윗입술과 아랫입술의 양 언저리 쪽이 부드럽게 위로 올라가 박장
대소하는 듯한 표정을 보이며, 고개를 숙이면 반대로 윗입술과 아랫
입술이 탁 붙으면서 노한 표정이 된다.

선비탈_ 광대뼈가 돌출되고 눈두덩과 볼의 살이 푹 꺼져 있는데 이것
은 학문에만 열중한 나머지 살림살이는 돌보지 않는 것을 나타낸다.
눈이 툭 튀어나온 것은 열심히 글을 읽은 탓으로 볼 수 있다.
눈꼬리가 위로 치켜졌고 오른쪽 눈썹은 아래쪽으로 당겨졌으며 입
의 오른쪽 언저리는 위로 향하였다. 즉, 뭔가에 대한 불만을 나타내
는 얼굴에 깊은 상념을 담고 찡그리는 표정을 하고 있다.
이에 덧붙여 눈썹이 곤두선 것은 불만에 의한 노여움을 표현한 것이
라 볼 수 있다.

백정탈_ 원래는 희광이라 불렸는데, 희광이는 고려 때 사형을 집행하
는 망나니였다. 놀이에서는 살생을 하고 늘 죄의식 속에서 살다가
천둥벼락이 치는 날 결국은 미쳐버리는 역할이다.
이마나 아래턱 또는 볼의 돌출 된 선, 코의 모양이 대체로 관상학에
서 각형(角形)으로 분류될 수 있는데, 관상에서 각형의 상은 우물쭈
물하지 않고 남보다 먼저 해치워 버린다고 한다. 이는 살생을 직업
으로 삼고 있는 신분에 맞는 상이라 하겠다.

초랭이탈_ 놀이에서 양반의 종 신분으로 대체로 경망스럽다. 입술은
아주 얇고 아래턱은 뾰족하다.
눈은 정면을 향해 동그랗게 뚫려 있으며, 볼의 근육과 주름은 좌측
은 아래를 또 우측은 위를 향해 있다.

중탈_ 놀이에서 절간에서 공부하는 수도승이 아니라 떠돌아다니는 떠돌이중(파계승)으로 나온다.

할미탈_ 가난하고 찌든 생활을 하면서 세상을 오래 산 노파로 등장한다. 베를 짜면서 일평생 고달프게만 살아온 자신의 생에 대한 신세타령을 베틀가로 풀어낸다.

이매탈_ 초랭이와 이매는 같은 하급계층으로서 초랭이는 종(양반의 종)이라 하고 이매는 하인이라 칭한다.
종은 피할 수 없는 세습적 신분이고 하인은 필요에 따라 면할 수 있는 신분이라 할 수 있다. 따라서 이매는 자기만 똑똑하고 수단만 있다면 하인을 면할 수도 있다.
다리 한쪽이 틀어져 절름거리며 비틀거리는 바보스러운 행위로 인해 초랭이로부터 조롱을 당하기도 한다. 관상학에서 눈꼬리가 아래로 처져 있으면 심성이 순하고 착하다고 하는데, 놀이에서 남을 비방하거나 해롭게 하기보다는 자기 자신이 오히려 당하는 것을 보면 일면 바보스러운 구석이 있으나 착하고 순한 성격이라 할 것이다.

부네탈_ 일명 과부탈이라는 또 하나의 명칭이 붙어 있다. 신분은 과부, 기생 또는 양반·선비의 소첩 등으로 전해 온다.

각시탈_ 얼굴 표정은 대체로 무겁고 조용한 분위기이다. 눈은 아래로 살포시 내리깔고 있으며 입은 힘을 주어 꾹 다물고 있다.
옛날 '봉사 행세 3년, 벙어리 행세 3년, 귀머거리 행세 3년'이라는 말처럼 시집살이의 많은 어려움을 참고 살아야 하는데, 하회탈 가운데 다른 탈들은 모두 입이 열려 있는데 반해 각시탈만은 입이 다물어져 있다. 이는 시집살이의 어려움을 속으로 삭이며 살았다는 것을 나타낸다.

: :**수곡고택의 밤이 무르익어간다.**

수곡고택 마당에 불을 지피고 둘러앉았다. 불 위에 올려놓았던 고구마를 하나 집어 주머니에 넣었더니 따스함이 은은하게 전해져오고, 입안에는 졸깃하고 차진 문어가 기분 좋게 씹히고 있었다.
밤하늘을 파고든 대금 가락에서는 아련하니 달콤한 냄새가 나는 것 같다. 서울에 올라가면 문어를 사다가 가족들과 나눠 먹어야지, 밤이 무르익어갈수록 사람이 그리워진다.

: :따뜻한 방과 따뜻한 밥상, 안동의 아침

여행지에서는 항상 고질적인 불면증으로 괴로웠는데 이날은 어찌
된 이유에서인지 눈을 떠보니 아침이었다. 그만큼 몸도 개운했고 기
분도 상쾌했다.

요를 깔지 않고는 앉기 힘들 정도로 방바닥이 뜨끈하게 달아올라 있
었다. 군불 때느라 고생하셨겠구나, 누군가의 노고로 내가 따뜻한
밤을 보냈구나 생각하니 그저 고마웠다.

아침을 먹으러 마을회관으로 가늘 길에는 신선이 살고 있을 것만 같은 풍경이 펼쳐져 있었다. 우리에게 따뜻하고 맛있는 밥을 주려고 동네 어르신께서 이리저리 분주히 움직이고 계셨다.

달착지근한 배추전과 삭힌 고추장아찌, 청국장, 고등어조림 등 근사한 밥상이었다. 뭇국에는 특이하게도 참깨가 둥둥 떠 있었다. 깨가 들어간 국이라니 생소하지만 입에 잘 맞았다.

: :닥나무, 최고의 안동 한지로 탈바꿈하다!

한지란 손으로 뜨는 수초지로 우리나라에서 제조되는 종이를 말한다. 그 주원료로 닥나무가 사용된다. 닥나무 껍질을 저피라고 하는데 이 저피라는 말이 저피에서 조비로, 조해로, 다시 종이로 바뀌었다고 한다. 종이는 본래 한지를 의미하는 것이다.

안동 한지에 사용되는 닥나무는 경북 예천과 의성, 주문진 등지에서 모이는데 이렇게 많은 양을 갖고 있는 곳이 없다고 한다. 그만큼 닥나무가 귀하다.

탈은 황촉규로 닥풀이라고도 하는데, 뿌리의 점액이 점착성이 있어 한지를 뜰 때 닥섬유가 가라앉지 않고 잘 퍼지고 섬유들이 잘 붙도록 하는 역할을 한다.

알다시피 중국에서 안 들어오는 물건이 없다. 한지도 마찬가지라 시중에서 판매되는 한지는 대부분 중국산이라고 보면 된다. 짐작은 하고 있었지만 이렇게 건강하게 만드는 우리나라 한지를 접하기 어렵다는 것이 안타깝다. 원산지 표시라도 이뤄졌으면 좋겠다.

한지가 만들어지는 과정을 본 뒤 한지전시관이 있기에 올라가 보았다. 아름다운 목련나무 조명이 한 그루 서 있고 그 옆에는 역시 한지로 만든 식탁 세트가 놓여 있었다.

참 대단하다! 감탄을 연발하게 하였다. 가구나 그림, 인테리어 용품 외에도 한지로 만든 섬유도 있었다. 한지 와이셔츠와 한지 양말, 한지 침대커버 등 정말 다양했다. 한지 휴대폰이나 한지 싱크대 등이 있다 해도 이상하지 않을 것 같다.

외국인에게 우리 고유의 것을 선물하고 싶을 때 몰라서 안 하지 알면 한지로 만든 제품들 중에서 고를 것 같다. 인사동에 돌실나이라고 개량한복을 파는 가게가 있는데 디자인이 단아하고 아름답다. 한마디로 '귀티' 흐르는 옷이다. 엄마가 입으면 좋겠다 싶은 마음이 절로 동하여 안으로 발이 향했던 적이 있었다.

가격을 알아보니 꽤 비싸서 입맛만 다신 채 나와야 했지만 지금도 여전히 그 앞을 지날 때면 나도 모르게 발길을 멈추고 한참을 구경하다 지나오곤 한다. 가격이 비싸다고는 해도 백화점에서 파는 옷과 비슷한데 그것들과는 다르게 부풀려졌다는 생각은 들지 않고 그만한 값어치를 하는 옷이라 여겨졌었다. 그런데 역시 이곳에서 만들어진 한지실이 돌실나이에서 사용된다고 한다.

::부용대

하회마을이 한눈에 보인다

부용대에 오르는 길이 두 갈래로 나뉘어 있는데 부용대 450보라는 팻말이 있는 방향으로 올라야 무난하다. 이 팻말이 보이지 않았고 잘 몰라서 사람들을 따라갔다가 낙석위험이라고 쓰여 있는 곳을 애써 올라갔다.

올라가는 재미야 있었지만 알았더라면 굳이 그 길로 오르지 않았겠지?! 부용대에 오르니 이렇게 하회마을이 한눈에 내려다보인다. 부용대라는 이름은 중국 고사에서 따온 것으로 부용은 연꽃을 뜻하는데, 처음에는 북애(北厓)라 했다고 한다.

이는 하회의 '북쪽에 있는 언덕'이라는 뜻이다. 하회마을은 진입 1km 전부터 관광객 차량 출입을 금지하고, 마을까지 걸어가거나 셔틀버스를 이용해야 한다. 하회마을은 '물이 돈다' 는 이름처럼 낙동강 상류가 S자형의 물줄기를 이루며 마을을 감싸고 있다.

: :묘하다, 어찌 탈의 표정이 시시각각 달라지는 것 같을까!

지난밤 우리에게 탈놀이에 대해 가르쳐 주셨던 하회별신굿탈놀이 보존회의 이수자인 류필기 선생이 나오는 하회별신굿탈놀이를 보았다.

별신굿이란, 별난 굿 혹은 특별한 큰 굿을 말하는데 마을의 수호신에게 마을 안녕과 풍년농사를 기원하는 목적이었다고 한다. 따라서 별신굿은 무당을 불러서 무당(巫堂)에 의해 굿을 하거나 또는 마을 주민들이 중심이 되어 큰굿을 하게 되는데 하회의 경우 후자이다. 원래는 넓은 마당에서 하는데 이날은 비가 오는 바람에 실내에서 구경하게 되었다. 영화 〈왕의 남자〉를 보면 쉽게 알 수 있듯이 탈놀이에는 시대에 대한 풍자가 담겨 있다.

더구나 하회라는 양반마을에서 양반들의 묵인하에 또는 경제적인 지원 속에서 연희된 것이기에 상민들은 억눌린 감정을 발산할 수 있는 장이기도 했다. 탈놀이를 보기 전 미리 내용에 대해 알아두면 재미가 더 클 것이다.

(하회별신굿탈놀이보존회 www.hahoemask.co.kr)

세상의 모든 맛을 한자리에
포항 죽도시장

경북 블로그 여행 동상 _ 이영주 ▼

포항시 북구 죽도동에 위치한 '죽도시장' 입니다.

이곳은 포항 하면 빼놓을 수 없는 유명한 곳 중의 하나죠~
시장 구경하는 걸 워낙 좋아하는지라
지난날 구룡포에 갔다 오는 길에 물회도 먹을 겸 해서 들렀다가
찬찬히 걸으며 구경하며 담아보았습니다.

역시나, 유명한 시장인 만큼 사람들이 상당히 많더군요.
건어물이며, 해산물이며, 없는 거 빼놓고는 다 있고요.

포항수산 새시장
제수용품일체
선어·활어·패류
浦項水産新市場アーケード街
어서오십시오

바다건어물
도·소매
전국택배
T.247-5789 H.011-9856-5111
바·다·건·어·물

회도 한접시 하고 싶었지만, 이미 물회로 배가 차 있던 상태라 그건
못하고 와서 약간 아쉬운 맘이 들더군요.
원래 이렇게 시장에서 파는 시장회에 소주 한잔~! 캬하~
죽는데 말이죠!

그리고 날이 뜨거워지다 보니 곳곳에 얼음 파는 곳이 많이 보이던데
그 모습도 참 이색적이었습니다.
옛날에 저희 집에 냉장고가 없던 진짜 못살던 시절에
모친께서 "가서 얼음 얼마치 좀 사와라~" 하고
심부름 시키던 그때 기억도 나더군요.

아무튼 역시 시장 구경은 재미있어요~
오는 길에 널부러져 있는 생선들을 좀 사와서 집에서 졸여먹었는데

고녀석들도 참 맛나더라구요.

(이름이 기억이 안 나네요.)

물회집을 못 찾아서 한참을 헤메다가 어느 상인 아저씨께 여쭤봤는
데 그 아저씨께서 영 우리 일행이 못 미더웠는지 끝끝내는 끝까지
따라와서 물회집을 찾아주시더군요.

좀 친절이 과하다 싶기도 했지만 그게다 사람 사는 인심인 것도 같
고 역시 시장엔 정이 넘친다는 걸 다시 한번 느꼈어요.

그리고 이것이 죽도시장 안에서

그렇게 애타게 맛보고 싶었던 '포항물회'랍니다.

회가 담긴 그릇에 살얼음이 낀 육수를 부어 회와 함께 후루룩~하고
마셔, 아니 먹어주면 되는 여름철 별미 중의 하나죠.

포항물회는 이렇게 육수를 부어서 먹는 건지 아니면 육수를 붓지 않고 얼음과 야채에서 자연스레 나오는 물로 비벼먹는 건지 사실 아직도 헷갈리지만, 속이 뻥~뚫릴 정도의 시원함은 잊을 수가 없네요.

그리고 이것은 사진카페에서 정기출사를 나갔을 때 맛본 곰탕입니다.

'포항' 하면 물회가 워낙 유명한지라 저번처럼 물회 한 사발(?) 하고 오면 되겠구나 싶어서 근처에 맛집을 알아보지 않고 있었는데 출사 나가기 며칠 전 네이트에서 같이가는 일행 중의 한 명이 "이모이모~ 포항에 맛난 데 없나?"

"글쎄…, 포항 하면 물회니까 당연히 물회를 묵어야제~ 날도 더운데~"

"아 물회…. 근데 ○○랑 ○○가 물회는 안 묵을 거 같은데….
딴거는 없나?"

"흠… 어디 함 보자. 근데 어떤 종류를 원하는데?"

"이왕이면 싸고 또 이왕이면 맛있는거~"

"이런 문디짜슥. 좀 비싼 거 묵으면 안 되나? 왜 맨날 싼거 타령이고~"

"있어봐라. 어, 이거 어떻노? 물곰탕 이거 시원하고 좋겠네."

"물곰? 그게 뭔데? 이상한 거 아이가?
한 번도 안 묵어 봤는데 좀 겁난다."

"안 먹어봤나? 생선인데 물메기라고 이거 해장용으로 딱이지.
요기다가 낮술 한잔 하면… 으흐흐흐"
"맞나? 근데 이모, 그거 혹시 안 비리나? 울 와이프 임신해서 비리
면 안 된다. 딴거!!"

"그라믄 죽도시장 안에 곰탕집이 하나 있는데 내가 여기 함 가보고
싶었거덩. 여기 함 가볼래? 가격도 5000원 밖에 안 하드라~"

"곰탕? 오홍~ 그거면 아무나 다 묵을 수 있는거네,
가격도 싸고. 그람 거기로 가자~"

이렇게 아주 쓰잘데기 없는 대화를 끝내고 출사날 찾아갈 음식점 정보를 핸드폰에 저장하고 룰루랄라 포항 길에 올라 딱 점심시간에 맞춰서 이곳을 찾게 되었네요.

그리고 제가 찾은 이 집은 사실 포스팅이 많이 되었다거나 엄청나게 맛있기로 유명한 집은 아니지만 뜻밖에 횡재를 만난 것처럼 구수하고 진한 포항의 맛을 발견하고 온 듯해서 흐뭇하더군요.

그리고, 일행들을 데리고 가서 맛없다고 욕을 먹으면 어쩌나~하는 걱정도 했었는데, 다들 곰탕이 나오고 국물맛을 보고 나서는 "이모 진짜 맛있네"라며 칭찬을 아끼지 않고 한 뚝배기를 싹싹 비우던 모습을 생각하니 왠지 모르게 뿌듯도 하고요.

그러고 보니 시원한 음식 대 뜨거운 음식이군요.

어느 것을 먹든지 간에 이 여름에 제격인 음식이 아닌가 합니다.

활어회아케이트상가
어서오십시오
죽도시장
Jukdo market
5번
죽도활어회매장
231-2554
3번
과메기회식당
249-3027
8번
죽도활어회매장
247-4645
과메기회식당
247-6912/248-0193
242

안동의 풍류와
멋과 맛을 찾아서

안동이라는 이름은 편안할 안(安) 동녘 동(東)으로, 고려
공민 왕때 '동쪽의 나라를 편안하게 했다' 는 뜻의 현판을 받은 데서
유래합니다.

예로부터 나라의 안녕을 도모했던 충절의 고장입니다.
조선시대에 들어서 양반문화가 꽃을 피웠으며
조선팔도에 널리 이름을 알렸던 고장입니다.

현재 경상북도 도청소재지로 선정되어 재도약을 꿈꾸는 곳이기도
합니다.

오랜 역사가 말해주듯이 도산서원, 병산서원, 안동하회마
을 같은

유교문화와 양반문화의 정수를 볼 수 있고 낙동강을 끼고 있
어서 수려한 풍경을 자랑하는 곳입니다.
이렇게 많은 볼거리가 있는 곳에 맛난 먹거리가 빠지면 섭섭하죠.
역사와 전통이 배어 있는 오랜 맛집들도 있는데 그중에 대표적인 맛
집들을 투어해도 참 좋은 고장입니다.

자, 그럼 안동의 맛 순례 제 마음대로 하나씩 짚어보겠습니다.

186

안동찜닭

현재 안동 하면 많은 사람들이 제일 먼저 떠올리는 맛집으로 안동구시장에 위치한 안동찜닭이 있습니다.

몇 년 전 전국에 안동찜닭 열풍이 불었던 것 기억하시죠?

지금 인기가 예전만은 못하지만 그래도 그 맛만큼은 변하지 않은 것 같습니다.

안동 구시장에서 자기 입에 맞는 안동찜닭을 찾는 재미도 쏠쏠합니다.

간장양념의 달콤함이 푹 배어 야들야들한 닭살의 향연.

거기에 푸짐함까지, 꼭 한번 맛보시길 바랍니다.

신선식당의 냉우동

안동시민들이 가장 편하게 자주 애용한다는 신선식당의 냉우동은 착한 가격에 푸짐한 양, 감칠맛까지 3박자가 딱딱 맞는 그런 집입니다.

한눈에 봐도 시원함을 느낄 수 있는 냉우동은 멸치 기본육수에 살얼음이 동동 떠 있어 시원함이 가득합니다. 무더운 한여름에 먹으면 입안에 동장군이 찾아옵니다.

안동건진국시

낮 12~2시까지 영업을 합니다.

일본 NHK에서 취재하고 간 안동의 숨은 맛집입니다.

손이 고운 할머니 혼자 조용히 영업하시는데

인근에서 손맛으로 널리 알려져 있고

안동건진국시라는 명칭은 이 할머니밖에 못 쓴다고 합니다.

다른분들은 안동건진국수라고 표기하더군요.

비법을 물어보면 그냥 물밖에 안 넣고 끓이신다는데

국수맛이 은은하게 입에 달라붙습니다.

국수 면발을 직접 만들어 보들보들 식감이 대단합니다.

시원한 해장국집 옥야식당

안동에서 이 집을 빼놓고 말하면 섭섭합니다.

선지랑 푸짐한 고기로 전국에 명성을 날리고 있습니다.

고기랑 선지, 파가 푸짐하게 들어가 있어서

그 국물이 시원함의 극치를 보여줍니다.

전날의 과음으로 인한 숙취는 옥야식당의 해장국이 책임집니다.

문화갈비

갈비 하면 수원이라고 생각하시는 분들 많잖아요.

경북에선 갈비 하면 안동부터 떠올리는 분들이 더 많을 것 같습니다.

서울경기 쪽보다 훨씬 저렴한 가격에

품질 좋은 고기를 맛볼 수 있기 때문이겠죠.

안동역 건너편에 안동갈비골목이 형성되어 있습니다.

전 그중에 한 곳 문화갈비를 추천합니다.

뼈대까지 붙어서 나오는 진짜 갈비입니다.
씹을수록 우러나오는 한우 육즙!
그 맛은 꼭 드셔보셔야 알 것 같습니다.

우송숯불갈비
안동경찰서 맞은편에 있는 우송숯불갈비는 토시살로
유명한 집입니다.
아마 서울 쪽에선 어디에서도 이 가격으로 드실 수 없을 겁니다.
안동에 와서 고기만 먹고 가도 차비는 빠질 것 같습니다.
때깔 좋은 토시살에 별 양념 없이 소금만 툭툭 뿌려서 나오는데
그 쫄깃한 맛이 일품입니다.
이 집에서는 고기의 마무리로 된장국수가 나오는데

된장의 구수함이 면과 잘 어울리더군요.
물론 다른 곳에도 된장국수가 있지만 제 입에는 이 집이
제일 궁합이 잘 맞는 것 같습니다.

만화 식객에도 나왔던 한우와 된장가게.
가게 마당에 수많은 장독들….
달짝한 불고기 맛이 일품입니다.
어릴 적 먹던 그런 불고기 맛입니다.

안동간고등어

안동의 명물 먹거리 **안동간고등어**입니다.

요즘 홈쇼핑이나 백화점, 마트에서 흔히 볼 수 있는 안동 대표 먹거리 중에 하나죠. 통통하게 살이 오른 놈을 골라 천일염으로 간한 고등어입니다.

적당히 숙성되어 나온 고등어를 구워먹는 맛이 일품입니다.

헛제삿밥

안동의 유명 먹거리 중에 **헛제삿밥**을 빼놓으면 섭섭하죠.

예전에 글공부하던 선비가 출출함을 견디지 못해 하인들에게 제사라고 속이고 제삿밥을 먹은 것을 계기로 널리 알려져 왔습니다.

안동 문화의 또 다른 모습이라고 볼 수도 있죠.

지금도 까치구멍 등 몇 집에서 헛제삿밥을 옛모양 그대로 다시 보여주고 있습니다.

대흥원 군만두

이제부터는 후식으로, 안동의 유일한 화상이 운영하는 중국집을 소개합니다.

대흥원의 **군만두**는 가격이 다소 비싼 편이지만 구워져 나온 만두를 보면 절로 감탄이 나오죠.

만두소를 직접 만들고 두꺼운 번철에 구워서 나온 진정한 군만두입니다.

맘모스제과점

경북 3대 베이커리로 영주의 태극당, 포항의 시민제과 그리고 안동
의 맘모스제과점을 꼽습니다.

그중 한 곳, 맘모스제과점입니다.

대구나 다른 지역은 지역 토종브랜드가 거의 사라지고 없는데 안동
과 영주는 아직까지 이 집들의 인기가 여전하다고 합니다.

오랜 전통에 비해 인테리어는 세련되게 꾸며져 있습니다.

빵을 좋아하시는 분들은 꼭 한번쯤 가보실 만한 집입니다.

하회탈빵

안동에 새롭게 선보이는 하회탈빵.

달콤한 팥소에 보드라운 빵이 선물용으로 그만일 것 같습니다.

버버리찰떡

안동의 또다른 명물간식거리, 버버리찰떡.
어른 손바닥 만한 크기여서 한입 베어물면 버버리(벙어리의 안동지역 사
투리)처럼 말을 더듬게 된다고 해 이 같은 명칭이 붙었다고 하더군요.
쫀득거리는 것이 입에 착착 붙습니다.

안동에는 음식 말고도 볼거리가 많습니다. 그 중 몇 가지만 간추려
볼까 합니다.
먼저 안동의 명물 월영교.
안동호를 가로질러 다리가 놓여 있는데 우리나라에서
가장 긴 목축 인도교인 것으로 알고 있습니다.
안동호와 잘 어울려 상당히 아름다운 목책다리입니다.
꼭 한번쯤 가볼 만한 곳입니다.

다음으로는 경북 북부 쪽에 있는 아주 큰 댐인 임하댐입니다.
가도 가도 끝없이 이어진 호수가 장관입니다.
출사하기에도 꽤 좋습니다.
여길 구경하면서 청송 가는 길이 지루하질 않습니다.

안동하회마을에 가면 꼭 보게 되는
부용대.
그림같은 절경이 눈앞에 펼쳐보입니다.
부용대에 올라가서 보면 안동마을을
한눈에 볼 수 있습니다.
요즘 부용대에서 국내 최초 수상극인

〈부용지애〉까지 공연하니
꼭 한번쯤 보러 가실만할 것 같습니다.

안동하회마을은

유네스코 세계문화유산으로 등재된, 우리 고유의 유교문화가 잘 보존되어 있는 곳입니다. 또한 한옥이 잘 보존되어 있어 우리나라 전통 가옥의 건축미도 볼 수 있습니다. 안동에 가면 꼭 한번쯤 가보셔야 할 필수 코스죠.

여기서 하루쯤 민박을 하면서 한옥의 느낌을 제대로 경험하는 것 참 좋을 것 같습니다. 그밖에 병산서원과 도산서원 등 가볼 곳이 정말 많습니다.

이렇게 볼 것 많고 먹을 것 많은 안동으로 떠나보세요.

누린내 전혀 없는 흑염소 맛보기

기력이 허한 것을 느끼기 쉬운 여름에 맛과 건강을 함께 챙길 수 있는 흑염소 요리를 소개합니다.

원조회나무흑염소식당이 유명한 이유는 맛있어서이기도 하지만 아무래도 염소고기에서 나는 염소 특유의 역한 노린내가 전혀 나지 않기 때문이 아닐까 하네요.

궁금해서 주인장에게 물어봤는데 암컷만 이용해서 요리를 하고 50년 전통의 비법이 있다고 합니다. 비법은 비밀이라 알려주시진 않으시네요. 그래도 하나 알려주신 팁은요, 염소고기는 수컷보단 암컷이 특유의 냄새가 덜하다고 하네요.

염소불고기는 그냥 소불고기 먹는 것 같은 느낌이더라구요. 신선한 고기를 사과, 배, 양파, 마늘 등과 함께 1주일 이상 숙성시킨 후 참숯에 살짝 구워내는 것이 흑염소식당만의 비법이라고 합니다.

운 좋으면 염소 육회도 드실 수 있습니다. 염
소고기를 갓 잡아온 날만 육회를 냅니다.
경북에서 자인단오제가 여름 6월경 정기적
으로 열리고 있는데요. 이맘때 몸보신도 하
실 겸 경북 경산 한번 찾으시는 것도 좋을 듯
하네요. 재미있는 단오제도 보시고 맛있는
것도 드시구요.

전골을 드실 때는 옆에 준비된 들깨를 넣으면 조금 더 걸쭉하면서 고소한 맛을 얻으실 수 있습니다. 하지만 그냥 드셔도 개운한 것이 맛있으니 취향에 따라 드세요.

기본찬은 아주 깔끔하구요. 양파무침이 아주 새콤달콤 맛있네요.
양파의 매운맛이 전혀 느껴지지 않더라구요.
양파무침이 너무 맛있어서 단골분들은 포장도 해 간다고 합니다.

그리고 가족단위로 가면 더 좋은 이유가 한 가지 있습니다. 바로 된장찌개입니다.

염소고기를 못 드시거나 비위가 략한 분들도 함께 식사를 하며 담소를 나눌 수 있습니다.

안에 감자가 가득가득 들어 있는 된장찌개는 비위 약한 분들을 위한 배려가 아닐까 싶네요.

후포항 그곳엔 대게와 바다내음이 있다

경북 블로그 여행 동상 _ 이동환 ▼

경북 하면 무엇이 생각나시나요? 아마도 넓은 바다와 동해안이 먼저 떠오를 것입니다. 그 다음으로는 역사의 고장인 안동, 문경이 생각나실 거구요, 다음으로는 동해안의 명물 대게가 생각이 나실 것 같은데 어떠신가요?

여기서는 동해안의 명물 대게와 후포항의 풍경 그리고 동해바다의 아름다운 일출 등에 대한 이야기를 해볼까 합니다.

그런데 포스팅을 시작하기 전에 경상북도에 대하여 공부를 좀 하고 넘어갔으면 하네요. 경상북도에 몇 개의 시/군이 존재하는지 알고 계십니까? 10개의 시와 13개의 군이있다고 합니다.

포항시, 경주시, 김천시, 안동시, 구미시, 영주시, 영천시, 상주시, 문경시, 경산시 이렇게 10개의 시가 있구요. 군위군, 의성군, 청송군, 영양군, 영덕군, 청도군, 고령군, 성주군, 칠곡군, 예천군, 봉화군, 울진군, 울릉군 이렇게 13개의 군이 있습니다. 아 참 울릉도, 독도도 경북에 속한다는 건 알고 계시죠?

'경상북도'라는 키워드로 네이버 백과사전을 찾아보니 이렇게 설명되어 있습니다.

10개의 시가 있다는 것과 상주가 시라는 것을 저도 처음 알았네요. 경북에 대한 설명은 이것으로 마치고 다시 원래의 글로 돌아가겠습니다. 제가 이 포스팅의 타이틀로 잡은 것은 "후포항 그곳엔 대게와 바다내음이 있다."입니다. 7번 국도를 타고 경상도에서 쭉 오시면 울진 가기 전에 후포항이란 곳이 있습니다. 이곳은 대게로 유명한데 바다내음 또한 좋아서 가끔 찾고 있습니다. 경북의 대게 하면 먼저 영덕이 떠오르시겠지만 이곳도 대게 하면 빠질 수가 없죠.
그럼 지금부터 이야기 보따리를 풀어보도록 하겠습니다.

옆 사진은 후포항의 대게를 잡아보았습니다. 이곳 후포항에는 이렇게 대게 및 홍게(사진은 홍게 같군요.)를 많이 팔고 있습니다. (이것은

봄에 찍은 사진이고 여름에 이렇게 팔면 금방 상하겠죠? 지금은 아마 다른
모습일 겁니다.)

이곳은 매년 겨울 끝자락에 울진대게축제를 진행하나 봅니다. 저는
이 기간이 지난 초봄에 방문을 했는데 진행 안내 표시가 크게 적혀
있더군요. 울진의 가장 대표적인 먹거리인 대게를 홍보하는 모습이
이런 축제 형태를 띠면서 더욱 많은 사람이 경북을 찾는 계기가 되
고 있습니다.

위 오른쪽 사진이 가자미인가요? 워낙 생선 이름을 잘 몰라서…. 저렇게 햇빛에 말리는 모습을 보니 이곳이 어촌이라는 게 실감나더군요. 도시에서 자란 저에게는 낯선 풍경인 동시에 바다내음을 느낄 수 있는 장면이었습니다.

제가 이곳을 찾은 날 하늘은 저에게 축복을 준 듯합니다. 구름이 견우와 직녀가 만나는 긴 다리를 이어주는 마냥 하늘을 감싸고 있었습니다. 그래서 그런지 이곳 후포항이 더욱 아름답게 느껴졌습니다. 이런 풍경을 매일 선사해 준다면 일주일에 한번이라도 이곳으로 달려가고 싶다는 생각이 듭니다. 사진사는 어쩔 수 없나 봅니다.

후포 수산물 유통센터가 보이고 그 앞에 정말 많은 배들이 정박해 있습니다. 이 배들은 다들 어업으로 생계를 유지하면서 살아가겠죠? 날씨가 싸늘한 오전인데도 불구하고 어민들의 손과 발이 아주 바쁘게 움직였습니다.
어업으로 생계를 유지하는 분들도 있지만 낚시를 즐기러 오시는 분들도 꽤 많습니다. 낚시를 하기 위하여 바다로 나가는 그 뒷모습에 기대감과 설레임이 사진을 찍는 저에게까지 느껴집니다. 아침부터 열심히 살아가시는 그들의 열정, 혹은 입에 풀칠을 하기 위한 삶의

의지. 사진사의 눈에는 그런 모습들이 그저 활기차고 흐뭇해 보이지
만 당사자의 입장에서는 살아가는 방식이기에 오늘도 아침 일찍부
터 그물을 손질하고 내일 출항을 바쁜 손놀림으로 준비하는 것이 아
닐까 합니다.

구름이 견우와 직녀가 만나게 하려고
긴 다리를 이어주는 것마냥
하늘을 감싸고 있었습니다.

저는 이 실타래의 느낌이 참 좋아서 찍어보았는데요. "경북의 맛"
이란 주제에 아주 적합한 듯합니다. '맛' 이라는 것이 꼭 먹는 맛만
을 지칭하지는 않는다고 생각합니다. 우리는 촉각, 미각, 시각이 있
지만 각각의 감각에 모두 맛이 존재한다는 것이죠.
느끼는 맛, 즐기는 맛, 먹는 맛, 보는 맛 등 맛의 종류는 아주 많습니
다. 위의 사진은 후포항의 보는 맛이라고 지칭하면 좋을 듯합니다.
실타래의 색깔이 알록달록하게 그 느낌을 전해줍니다. 이것이야 말
로 진정한 어촌의 풍경이 아닐까 하네요.

잘은 모르겠지만 오징어잡이 배에서는 이렇게 전구를 환하게 비추
어 밤에 오징어를 유인한다고 합니다. 대게도 같은 방식으로 잡는지
는 모르겠으나 도시에서만 자라온 이의 눈에는 너무나 신기한 장면
이고 이곳에서만 느낄 수 있는 풍경이 아닐까 합니다.

이곳이 대게의 고장이라는 느낌을 강하게 들게 하는 것은 벽화입니다. 자세히 들여다보면 아이들이 그린 하나하나의 그림입니다. 그 그림들을 대게 모양으로 형상화하여 이곳이 대게의 고장이다 라는 것을 간접적으로 알리고 있습니다. 제가 아이가 있어서 그런지 몰라도 참 신선하고 좋은 느낌을 받았습니다. 아이들의 순수한 마음을 담아 그림을 완성하고 홍보하는 것은 이 벽화의 가장 큰 장점이 아닌가 합니다.

이날 이곳의 하늘이 얼마나 예뻤느냐면 아마 이런 구름이 한번 더 펼쳐진다면 전국의 사진사님들이 다 모여들 정도로 예쁜 구름이었습니다.
후포항의 견우와 직녀가 만나는 구름 한번 감상해 보실까요?

그림들을 대게 모양으로 형상화하여
이곳이 대게의 고장이라는 것을
간접적으로 알리고 있습니다.

배와 바다내음, 시장의 분주함….
그 모든 게 조화를 이루어 펼쳐지는
구름 뜬 후포항의 풍경은 그림 속에서나 펼쳐지는
그런 풍경이었습니다.

배와 바다내음, 시장의 분주함. 그 모든 게 조화를 이루어 펼쳐지는 구름 뜬 후포항 풍경은 그림 속에서나 펼쳐지는 그런 풍경이었습니다. 어떻게 날을 맞추어서 저런 풍경을 담을 수 있었는지 저는 정말 행운아인 것 같습니다.

경북의 또다른 맛, 바로 동해안의 깨끗하고 시원한 바다냄새입니다. 삶의 애환이 녹아 있고 싱싱한 수산물과 낯선 풍경이 있는 경북으로 여행을 다녀오시는 것은 어떨까요?

다음날 새벽부터 일출이 너무나 보고 싶었습니다. 동해안에 오시면 꼭 하셔야 할 것이 바로 일출보기입니다. 이것을 놓치면 동해안 에 온 절반의 이유를 놓치는 거라고 생각합니다. 일출을 보기 위하여 새벽부터 준비를 하고 어두운 곳에 헤드라이트를 켜며 일출을 보기 위한 집념으로 동해바다로 향합니다.

드디어 기다리던 동해의 일출이 뜨기 시작합니다. 일출이 뜨기 시작하면 숨이 막히는 듯한 느낌과 빠른 손놀림이 시작됩니다. 정신없이 세팅치를 바꾸어가며 일출을 찍어대고 수평선이 혹시 삐뚤어지지 않았는지 LCD를 봐가며 단 5분의 시간동안 정열을 쏟아냅니다. 이때의 정열은 정말 추운 새벽임에도 불구하고 땀이 나도록 집중을 하기 때문에 상당히 중요한 시간입니다.

일출이 올라오기 시작하면 새벽 여명이 불그스름해지면서 어떠한 기대감을 가지게 합니다. 제 옆에 서 있는 어떤 연인들은 두 손을 꼭 잡고 함께 같은 곳을 바라보는군요. 정말 보기 좋습니다.

태양이 물에 비치어 나타나는 물그림자와 두 연인들이 손을 맞잡고 한 곳을 바라보는 모습을 보니 아, 이래서 일출을 보러 오는구나 하며 다시 한번 경탄합니다. 정말 아름다운 풍경이 아닐 수 없습니다.

제가 경북에서 담아낸 가장 아름다운 사진이 아닐까 합니다. 이 한 장의 사진만 건지고 가더라도 경북의 맛은 모두 느끼고 가는 것 같습니다.

집으로 내려가는 길, 동해안의 해수욕장을 담고 추억 속에 또는 기억 속에 동해안의 푸르름과 맛을 간직하고 집으로 향합니다.

동해안은 꼭 경북에만 있는 것은 아닙니다. 경상남도와 강원도도 동해안을 끼고 있죠. 그러나 제가 가본 동해안은 경북의 7번 국도를 따라 올라가는 길이 제일 길며 멋있다고 생각합니다. 25살 때 울산에서 강원도까지 7번 국도를 따라 여행한 적이 있는데 지금도 잊혀지지가 않네요. 경상북도는 산도 많고 풍경도 좋은 양반의 도시입니다. 많은 분들이 경상북도를 방문하시어 경상북도의 참맛을 느끼셨으면 좋겠습니다.

끝까지 함께 해 주셔서 대단히 감사합니다.

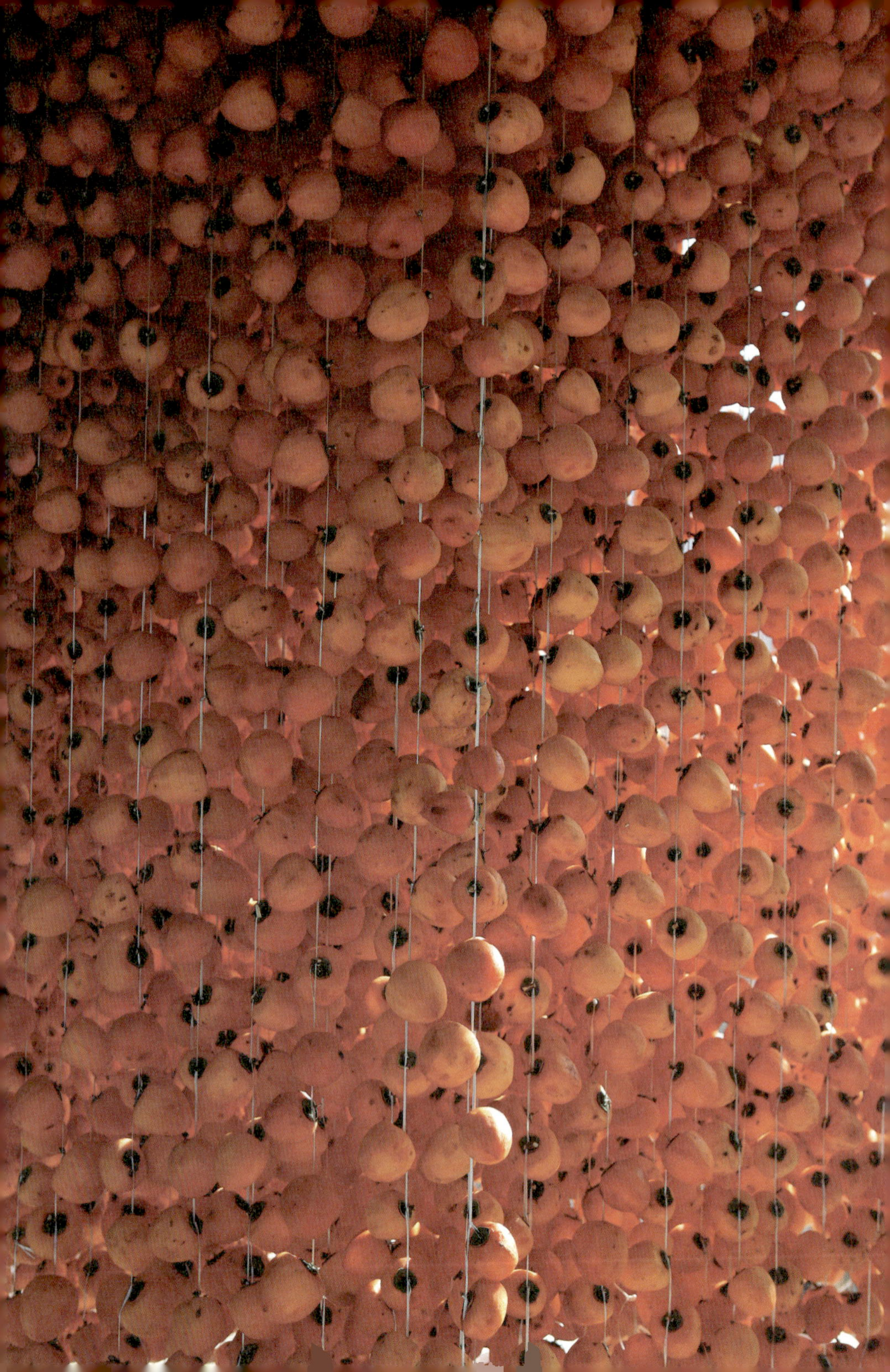

럭셔리 여행,
그리고 풍경 여행

경북 블로그 여행 동상 _ 김봉애 ▼

::여행자들에게 많이 알려진 와인터널

감의 고장으로 알려진 경북 청도 와인터널, 지역적 특성을 잘 살려서 만들어진 관광명소입니다.

여행을 떠나기 전에 정보 수집을 하면서 보니 청도 와인터널이 여행자들의 필수 코스로 자리잡은 것 같습니다. 그래서 저 역시도 청도 와인터널을 다녀와야겠다고 다짐하고 있었는데 이번에 경북여행을 떠나면서 청도 와인터널을 기어이 가게 되어서 마음 속의 체증이 내려간 듯했고 와인터널의 럭셔리함에 빠져들었습니다.

옛날에는 와인 하면 서민들과는 동떨어진 부유층의 전유물이라 생각하는 사람이 많았지만 그때는 외국에서 수입만 할 때고 요즘은 국내에서도 와인이 생산되고 와인을 즐기는 마니아들이 많아서 동호회나 카페도 많이 있다고 합니다. 저는 사실 독한 술을 좋아하지 않아 와인이나 가벼운 샴페인, 그리고 맥주 등을 선호하는 터라 즐겁게 청도 와인터널을 다녀왔습니다.

청도 와인터널은 일제가 한반도를 침탈하고 대륙진출 야욕을 불태우던 시절에 건설되었으며, 우리 민족의 뼈아픈 과거를 안고 있는 역사의 현장입니다. 일제는 이 터널을 완공한 후 1905년에 경부선을 개통시켰습니다. 초기에는 단선으로 운행되었으며, 터널이 산중턱에 위치하고 있어서 경사가 급하여 당시의 증기기관차로는 힘이 부쳤을 거라고 전해집니다 .
이 노선은 개통 초기부터 구조적으로나, 경사도와 먼 운행거리로 문제가 많았습니다. 1937년에 평탄한 직선노선을 개통시킴에 따라 사용이 중지되어 최근까지 사용하지 않고 방치하다가 와인 숙성고로 이 터널을 이용하게 되었다고 합니다.
특히 청도는 감이 많이 생산되어 감와인을 만들게 되었는데 청도 와인터널에서는 연중기온이 15° 내외, 습도가 70~80%로 유지되어 감와인이 숙성되기에 천혜의 조건을 갖추고 있습니다.

와인터널 입구

터널 위에는 감 모형이 있는데 청도의 감은 네모지면서 둥근 모양을 지녀 씨가 없다고 합니다. 그리고 감 모형 위에는 대천성공(代天成功)이라는 글귀가 보이는데 아주 큰 공사를 하늘이 대신해서 대단한 사업을 완성했다는 뜻입니다. 그만큼 큰 공사라는 뜻일 것입니다.

터널 내부로 들어가 볼까요? 들어가니 밖의 온도와 달리 시원합니다. 항상 13~15°가 유지되고 있어서 그런다는데 여름철 피서지로 적격일 것 같네요. 겨울엔 따뜻할 거구요.
와인병과 와인이 진열되어 있는데요, 너무 예쁩니다.

감나무 밑 벤치에 앉아봅니다. 이곳은 젊은 연인들이 오면 적격일 거라는 생각이 드네요. 소품과 함께 와인을 진열해 놓았는데 그저 예쁘다는 말만 나옵니다.
와인 터널을 100% 즐기는 법에 대해서 7번째 까지 나열해 놓았답니다.
드라마 〈떼루아〉를 이곳 청도 와인터널에서 촬영했답니다. 와인을 다룬 드라마인데 이곳이 적격이었나 봐요.

추억도 만들고 사진도 찍고
감와인은 세계 최초라고 합니다. 2005년 APEC정상회담에서 공식 만찬주로 선정되었으며 서리 맞은 청도 반시로 와인이 만들어진다고 합니다.
자, 시음을 해볼까요? 가격대가 다양한데 그중 25000원짜리 와인을 시음해 보았습니다. 와인은 화이트와인으로 약간 떫은 맛이 나는데 탄닌이 풍부해서 그런 것 같더라구요.
한 잔씩도 판매가 된답니다. 안주도 팔구요. 감말랭이와도 잘 어울리더라구요.

이렇게 와인터널에서 즐기는 와인 시음은 분위기 있고 럭셔리했답니다. 터널 안을 소품으로 예쁘게 꾸며 놓았어요. 맘 같아선 예쁜

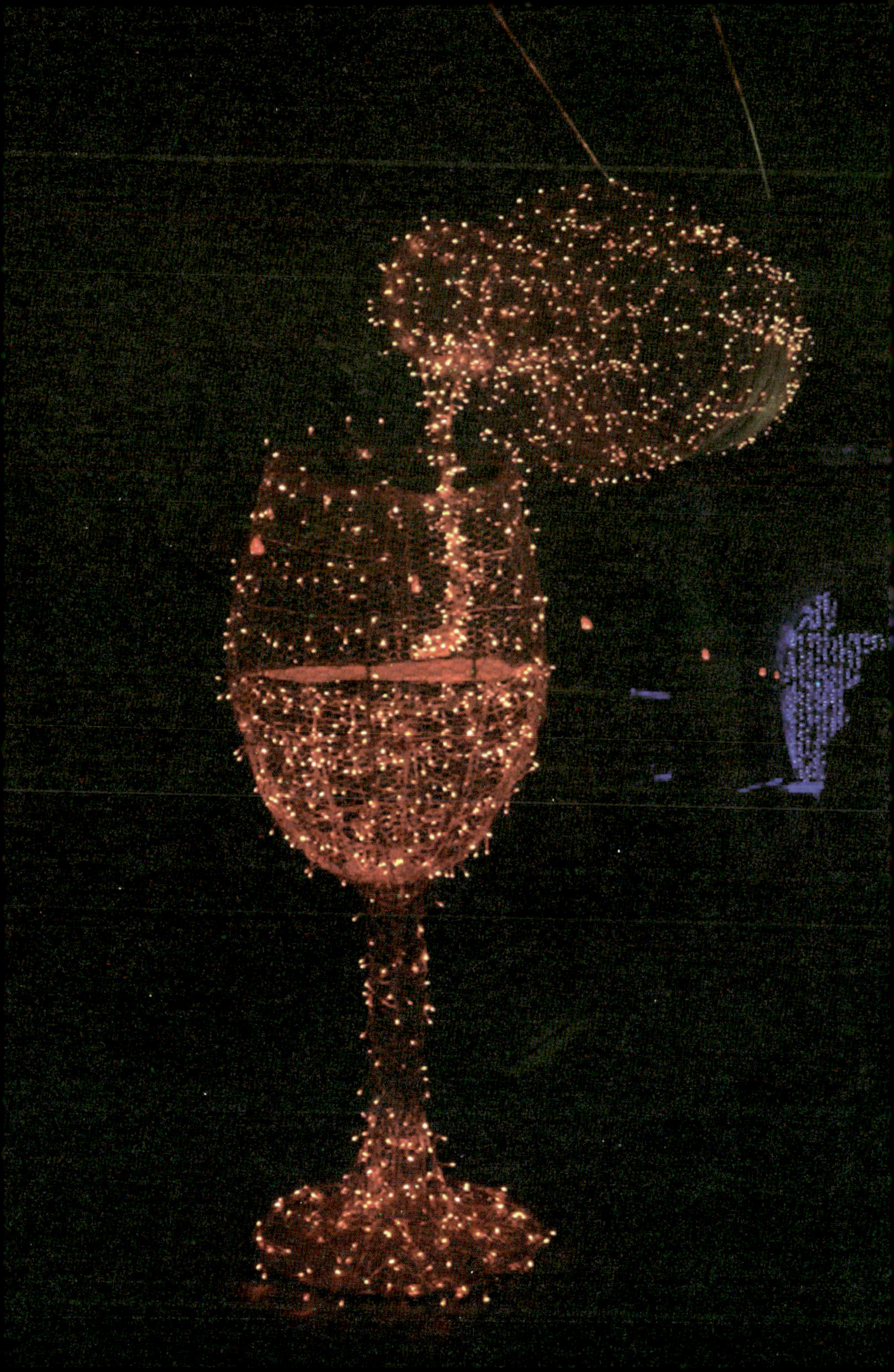

걸 가지고 집에 오고 싶었습니다. 이곳에서 이벤트도 한다고 하네요. 영화를 볼 수 있도록 조성하기도 한답니다. 와인 만드는 과정에 관람객들이 직접 참여할 수도 있습니다. 감을 잘게 부수고 효소를 섞어서 숙성되는 과정을 볼 수 있습니다.

와인 한 잔만도 시음이 가능합니다. 한 잔에 3000원이라고 하네요. 이곳에 와인 저장 창고도 있습니다. 와인은 뉘여서 보관을 해야만 가스가 빠져서 제대로 숙성이 된다고 하네요. 감의 효능과 감와인(감그린), 와인의 역사 등에 대해서 나열이 되어 있답니다. 와인은 이

제 모든 사람들이 즐기는 기호식품이 되었답니다.

청도 와인터널에서 와인도 만들어 보시고 시음과 여러 이벤트도 즐기시는 럭셔리 여행에 밑줄 그어보세요. 저처럼 꼭 방문해 보시고요.

어머니의 맛,
안동 간고등어

경북 블로그 여행 동상 _ 양은희 ▼

우리나라에서 가장 긴 목조다리인 아름다운 월영교를 건너 안동의 민속촌을 향해 간다.

다리 건너 민속촌까지 이어지는 거리는 불과 1km도 안돼 보이는 짧은 거리이다. 왼쪽으로 안동호를, 오른쪽으로 낮은 산자락을 끼고 있는 아담한 산책로는 궂은 날씨 때문인지 인적 없이 한산했다.

봄이면 길가에 벚꽃이 흐드러지게 피어 무척이나 아름다웠을 길이다. 보슬비가 오락가락하는 날씨는 매우 무덥고 습해 조금만 걸어도 얼굴에 땀이 줄줄 흘러내린다. 그야말로 가마솥더위다.

그나마 따가운 햇살 아래 걷지 않음을 감사히 여기며, 느릿느릿 길 맛을 느끼며 걷는다.

안동호 위엔 빗방울이 그린 그림이 시간의 흐름에 따라 소멸되기도

하고, 새로 만들어지기도 한다.

안동 민속촌은 1976년 안동댐 건설 당시 수몰될 위기에 처한 오래된 고가와 문화재들을 지금의 자리로 옮겨 놓은 곳으로 안동 민속박물관 바로 옆에 위치해 있다.

민속촌 입구에 있는 연못에서 민속촌 방향으로 바라보니 민속촌이란 이름이 무색할 정도로 화사하고 산뜻한 모습이다.

오른쪽은 민속촌 입구에 세워져 있는 양반가옥 모습이다.

안채와 사랑채가 ㄱ자와 ㄴ자로 연결되어 ㅁ자 형태의 전형적인 경상북도의 가옥형태를 취하고 있는 집이다.

그 집 마당 안으로 들어서니 마당을 중심으로 한 ㅁ자 형태의 가옥구조가 한눈에 드러나 보였다.

마침 마당에선 어느 방송국에서 나왔는지, 한복 입은 사람들을 열심히 촬영하고 있었다.

고등어와 소금을 앞에 두고 앉아 있는 것을 보니 고등어 간 하는 모습을 촬영하는 것 같았다. 나중에 알고 보니 이 분은 안동에서 유명

안채와 사랑채가 ㄱ자와 ㄴ자로 연결되어
ㅁ자 형태의 전형적인 경상북도의
가옥형태를 취하고 있는 집이다.

한 간잽이 어른이셨다.
이날도 아마 고등어에 간 하는 모습을 촬영하는 것 같았다. 고등어
간 하는 모습도 처음 보거니와 간잽이의 달인이신 어르신의 시연을
보는 것도 흔히 접할 수 없는 일이라 한쪽 구석에 앉아 한참동안 구
경을 하였다.

밖으로 나와 다시 마을 구경을 나섰다.

이곳에도 까치구멍집이 있었다. 까치구멍집은 태백산을 중심으로
경상북도 북부에만 있는 전형적인 산간벽촌의 주거형태이다.
폐쇄적인 형태의 주거공간에서 부엌연기가 자연스럽게 빠져나갈
수 있도록 지붕마루 양단의 하부에 저런 식으로 구멍을 만들어 환기
를 시켰다고 한다.

꾸미지 않은 돌담으로 쌓은 집 담벼락이 자연스럽고 아름답다.

민속촌을 대충 구경하고, 아까 간잽이 아저씨의 시연도 보았던지라 점심은 간 고등어를 먹어보기로 하였다.

마침 월영교 근처에 안동 맛집들이 많이 모여 있어, 그중에서 간고등어 파는 집을 찾아 들어갔다.

이 집은 안동 간고등어만 전문으로 취급하는 집이라 주 메뉴는 간고등어 구이와 조림이었다. 그중에서 두 가지 음식을 모두 먹어볼 수 있는 '양반밥상'이라는 메뉴를 시키니, 한 상 가득 푸짐하게 상이 차려졌다.

그런데, 어찌하여 내륙지방인 안동이 바다에서 나는 생선인 고등어의 특산지가 되었을까?
옛날엔, 주로 영덕에서 잡은 고등어를 안동까지 가지고 오는데 대략 1박2일 정도 걸렸다 한다. 그 생선을 그대로 안동까지 가져가면 쉬 상해버리므로 염장처리를 해야 했다. 그런데 그 염장처리 하는 시기가 바다에서 잡자마자 염장하는 것과 하루 지난 후에 염장하는 것이 맛에 차이가 있다고 한다. 안동에 거의 다다를 무렵에 염장처리한 간고등어의 맛이 훨씬 좋았기 때문에, 항구와 거리가 멀었던 것이 오히려 간고등어의 특산지가 되는 계기가 되었다 하니 아이러니한 일이 아닐 수 없다.

안동의 간고등어는 특유의 비린내가 나지 않는다.

안동의 간고등어는
특유의 비린내가 나지 않아
구이와 조림 모두 담백하고 고소하다.

그래서 구이도, 조림도 담백하고 고소한 맛을 낸다. 특히 고등어조림은 묵은지와 함께 조려냈는데, 내가 김치찌개를 먹고 있는 건지 고등어조림을 먹고 있는 건지 헷갈릴 정도로 고등어의 비린내를 느낄 수 없었다.

이 집에서는 식사를 내오기 전에 안동소주와 돔베 고기를 먼저 내준다. 술을 잘 먹지 못하나, 술을 내온 정성을 봐서 한 잔 마셔 보았다. 톡 쏘는 맛과 목을 넘어갈 때의 알싸한 느낌이 그리 나쁘지 않았다.

고등어 하면 자연스레 산울림의 '어머니와 고등어' 라는 노래 가사가 생각난다.

'한밤중에 목이 말라 냉장고를 열어 보니, 한 귀퉁이에 고등어가 소금에 절여있네. 어머니 코고는 소리 조그맣게 들리네. 어머니는 고등어를 구워주려 하셨나 보다. 소금에 절여놓고 편안하게 주무시는구나. 나는 내일 아침에는 고등어구일 먹을 수 있네.'

고등어와 어머니.
그냥 평범한 생선이지만, 노래 가사 때문인지 고등어엔 어머니의 사랑이 녹아 있는 듯하다.

연일 계속되는 덥고 습한 날씨 때문에 밥맛이 없다면, 짭조름한 고등어 한 점 밥에 얹어 먹어보면 어떨까.

맛집 정보

●**양반밥상** 경북 안동시 상아동 513번지 054-855-9900 안동 간고등어